Dr. Ewald Gerhardt

PILZE SAMMELN ABER RICHTIG

blv

Pilze sammeln

Jeder sammelnde Pilzfreund braucht eine Grundlage, welche ihm die nötigen Kenntnisse vermittelt, in der er im Zweifel über die Genießbarkeit seiner Funde nachschlagen kann und die ihm Sicherheit beim Erkennen gibt. Gerade beim Pilzesammeln und besonders ihrer Verwertung dürfen keine Risiken eingegangen werden, da ein Irrtum die Gesundheit oder gar das Leben in Gefahr bringen kann.
Die Wahrscheinlichkeit einer Pilzvergiftung sinkt auf null, wenn die Naturaufnahmen gründlich mit den eigenen Funden verglichen und die Texte sorgfältig studiert werden. Alle für den Anfang wichtigen Speise- und Giftpilze sind in diesem Buch abgebildet. Es sind die häufigsten, schmackhaftesten und am leichtesten erkennbaren sowie ähnliche Verwandte oder giftige Doppelgänger. Auf 49 Doppelseiten wird jeweils eine essbare oder giftige Hauptart den anderen direkt gegenübergestellt. Dem Neuling wird dadurch auf einen Blick klar, ob das Sammeln bestimmter Pilze Gefahren birgt, oder ob es ungefährlich ist.
Alle abgebildeten ca. 170 Pilzarten wurden im natürlichen Umfeld fotografiert. Die ausgewählt typischen Exemplare haben daher einen hohen Wiedererkennungswert. Zur besseren Übersicht wurde der Inhalt in 3 leicht erkennbare Hauptgruppen aufgeteilt: Lamellenpilze, Röhrlinge und »Andere«. Am zahlreichsten sind die Pilze mit Lamellen vertreten.
Natürlich kann ein so handliches Buch nicht alle Pilze abbilden. Allein in Mitteleuropa können wir mindestens 3000 Arten von Großpilzen begegnen, einigen jedoch sehr selten. Diese Vielfalt wird von Sammlern oft unterschätzt. Das richtige Erkennen von Pilzen wird weiter durch die enorme Veränderlichkeit der Fruchtkörper erschwert. Ihre Abmessungen und Farben sind umwelt- und wetterbedingt großen Schwankungen unterworfen. Beim geringsten Zweifel ist daher vom Verzehr abzusehen. Zur Absicherung kann zunächst der Rat eines Kenners eingeholt werden oder das Sammelgut wird kostenlos einer Pilzberatungsstelle zur Begutachtung vorgelegt.

Speisewert und Giftwirkung

Die im Buch vorgestellten Pilze wurden 4 Kategorien zugeordnet, die durch Piktogramme und Farbfelder gekennzeichnet sind. Prinzipiell bedeutet **grün essbar**, **blau ungenießbar** und **rot giftig**. Bei den Giftpilzen werden 2 Abstufungen: **giftig (Ausrufezeichen)** und **tödlich giftig (Totenkopf)** unterschieden.

Essbar:
Die Pilze dieser Gruppe sind erfahrungsgemäß nach vorschriftsmäßiger Garung zum Verzehr geeignet. Besonderheiten (etwa notwendiges vorheriges Abkochen) werden jeweils im Text erläutert. Individuelle Unverträglichkeiten sind nicht ausgeschlossen.

Ungenießbar:
Die so bezeichneten Pilzarten sind aus verschiedenen Gründen für den Verzehr ungeeignet (zähe Konsistenz, schlechter Geschmack usw.) oder ihr Speisewert ist umstritten. Eine Abgrenzung gegenüber der Kategorie essbar ist nicht immer eindeutig.

Giftig:
Der Verzehr dieser Pilzarten kann zu vorübergehenden gesundheitlichen Störungen unterschiedlicher Art und Stärke führen. Nur in Extremfällen (z. B. Konsum großer Mengen, Organschwächen) sind Todesfälle möglich.

Tödlich giftig:
Diese extrem giftigen Pilzarten erzeugen dauerhafte Organschäden. Ohne ärztliche Hilfe würde der Verzehr einer üblichen Menge (manchmal auch nur eines einzigen Exemplares) gewöhnlich den Tod zur Folge haben.

Hinweis
Der Speisewert der in diesem Buch behandelten Pilze wurde nach bestem Wissen sowie neuestem Kenntnisstand angegeben. Wer Pilze isst, handelt jedoch auf eigene Verantwortung, da Autor und Verlag weder etwaige individuelle Unverträglichkeiten noch die Sammelgewohnheiten des Einzelnen kennen. Wir warnen allgemein vor dem Genuss zu alter Pilze, insbesondere aber vor Rohverzehr. Das Prädikat »essbar« bezieht sich stets auf den durch Kochen, Braten oder andere Hitzebehandlung zubereiteten Pilz, sofern nicht anders vermerkt.

Was man über Pilze wissen sollte

Die moderne Wissenschaft zählt Pilze nicht mehr zu den Pflanzen, sondern weist ihnen ein eigenes Reich zu. Damit sind Pilze neben Tieren und Pflanzen eine im systematischen Sinne gleichberechtigte Gruppe. Die Unterschiede zu den Pflanzen bestehen vor allem darin, dass Pilze als chlorophyllfreie Organismen nicht in der Lage sind, aus Sonnenenergie Nährstoffe zu gewinnen. Aufgrund dieser Lichtunabhängigkeit gedeihen sie auch im Dunkeln. Sie sind in der Ernährung auf fertige organische Substanzen angewiesen, die ihnen die Natur in Form lebender oder abgestorbener Pflanzen oder Tiere zur Verfügung stellt.

Die Zellwände der Pilze bestehen wie der harte Außenpanzer der Insekten aus Chitin und nicht aus Zellulose, wie bei den Pflanzen. Dafür können Pilze aber Pflanzenstoffe wie Zellulose oder Lignin durch spezielle Enzyme abbauen. Typische Pilzzellen sind sehr oft fadenförmig und werden Hyphen genannt. Bei den Höheren Pilzen, zu denen alle in diesem Buch behandelten Großpilze gehören, bilden die Hyphen ein im Substrat verborgenes, normalerweise nicht sichtbares Geflecht, das Myzel. Es kann totes Holz durchwuchern oder in der Humusschicht des Waldes bzw. in der Erde wachsen. Durch Umdrehen von am Boden liegenden Blättern oder Ästen an feuchten Herbsttagen kann mit etwas Glück Pilzmyzel sichtbar werden.

Myzel des Violetten Rötelritterlings an der Unterseite von Eichenblättern.

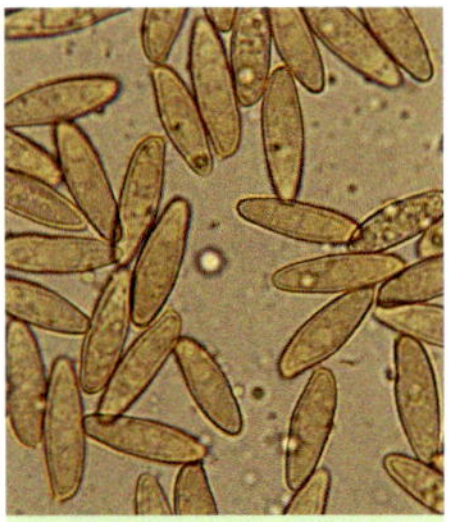

Sporen des Fichten-Steinpilzes.

Hat das Myzel genug Nahrung und Wasser aufgenommen, so bildet es Fruchtkörper. Diese ernten wir beim Sammeln, während das Myzel der Natur erhalten bleibt. Im oder am Fruchtkörper werden die Sporen gebildet, die der Vermehrung und Verbreitung dienen. Sie sind in ihrer Funktion den Samen der Pflanzen gleichzusetzen, sind jedoch so klein und leicht, dass sie vom Wind davongetragen werden können. Manchmal übernehmen auch Tiere die Verbreitung (z.B. bei Trüffeln), indem sie die Fruchtkörper fressen und wieder ausscheiden. Die nach Aas riechende Sporenmasse der häufigen Stinkmorchel wird von Insekten verbreitet.

Fallen Sporen auf ein geeignetes Substrat, entsteht durch Auskeimen neues Myzel. Da nur wenige Sporen dazu Gelegenheit bekommen, sind Pilze darauf angewiesen, möglichst viele Sporen zu erzeugen. Die Ausbildung von Lamellen, Röhren, Leisten oder Stacheln an der Unterseite der Pilzhüte dient allein dazu, die Oberfläche der Sporen erzeugenden Schicht (Hymenium) zu vergrößern. Bei den Bauchpilzen (z.B. Bovisten oder Stäublingen) mit kugeliger, birnen- oder sackförmiger Gestalt, verbleiben die Sporen bis zur Reife im Innern des Fruchtkörpers. Sie werden durch verschieden gestaltete Scheitelöffnungen bei einer Berührung durch Mensch oder Tier sowie beim Auftreffen von Regentropfen mechanisch verstäubt.

Blasse Lamellen des Nebelgrauen Trichterlings.

Die einzelne, je nach Pilzart sehr unterschiedlich aussehende Spore hat eine Durchschnittslänge von einem hundertstel Millimeter und ist nur unter dem Mikroskop zu sehen. In der Masse sind Sporen allerdings als weißer oder farbiger Staub mit bloßem Auge sichtbar. Dieses Sporenpulver lagert sich nicht selten unter den Pilzhüten ab.

Unzählige Pilzarten sind Gesundheitspolizei und gleichzeitig unverzichtbare Abfallbeseitiger des Waldes. Nach ihrer Biologie

Feinporige Röhrenschicht des Gallen-Röhrlings.

Leisten unter dem Hut des Echten Pfifferlings.

Der Rotgelbe Stoppelpilz trägt an seiner Hutunterseite feine Stacheln.

unterscheiden wir bei den Großpilzen 3 Hauptgruppen. Die **Saprobionten** (früher Saprophyten) zehren Humusstoffe im Erdboden auf, durchwachsen die niederfallende Laub- oder Nadelstreu oder leben in abgestorbenem Holz. Einige bauen totes tierisches Material (Horn, Federn, Knochen usw.) ab. Erdbewohnende Saprobionten können ihre Fruchtkörper ringförmig anordnen. Ein Beispiel dafür ist der Feld-Schwindling, dessen im Rasen erscheinende Hexenringe vielen Gartenbesitzern missfallen. Durch die Ausscheidung antibiotischer Stoffe wird das Graswachstum im Außenbereich des Kreisringes vorübergehend unterdrückt, während es am Innenring umso üppiger wuchert. Die Kreise vergrößern sich von Jahr zu Jahr, bis sie eines Tages ganz verschwinden, ohne jedoch bleibende Schäden im

Reife Birnen-Stäublinge entlassen ihre Sporen durch eine rundliche Scheitelöffnung.

Rostbraunes Sporenpulver hat sich unter den reifen Hüten des Flachen Lackporlings angesammelt.

Der häufige Grünblättrige Schwefelkopf hilft beim Abbau toter Baumstümpfe.

Gras anzurichten. Pilze im Laub- oder Nadelhumus sind nicht selten in Reihen oder weiten Bögen angeordnet.

Die **Parasiten** befallen lebende Organismen und bringen diese früher oder später zum Absterben. Besonders auffällig agieren einige Holz bewohnende Porlinge, z.B. der Zunderschwamm oder häufige Lamellenpilze wie der berüchtigte Hallimasch. Die Myzelien leben im Wurzelbereich oder im Stamm und beeinträchtigen durch Abbau der Holzstoffe (Lignin, Zellulose) die Standfestigkeit des Wirtes. Schließlich bricht der Baum eines Tages um, was in städtischen Bereichen zu bösen Unfällen führen kann.

Hexenring des Feld-Schwindlings.

Die Mykorrhizapilze schaden ihrem Wirtsbaum nicht, sondern leben mit ihm in einer echten Symbiose. Viele in diesem Buch enthaltenen Pilzgattungen wie Röhrlinge, Milchlinge, Täublinge, Knollenblätterpilze oder Ritterlinge gehören hierher. Die Myzelien umschließen die feinen Wurzelspitzen der Bäume zur so genannten Ektomykorrhiza und verbessern damit deren Saugfähigkeit (Aufnahme von Wasser und Mineralstoffen) erheblich. Dafür erhält der Pilz Assimilate vom Partner, die er für seine Ernährung benötigt. Bäume, deren Wurzeln eine Mykorrhiza aufweisen, können sich an Extremstandorten besser behaupten.

Täublinge (hier scharf schmeckende Spei-Täublinge) sind wertvolle Mykorrhizapilze.

Wann und wo kann man Pilze finden?

Diese häufig gestellte Frage müsste eigentlich lauten: Wo wachsen zurzeit gerade die Pilze und welches sind die lukrativsten Gebiete in dieser Gegend? Daran ist schon zu erkennen, dass das Pilzwachstum nicht nur von Jahreszeit und Wetterlage, sondern auch von geografischen, ökologischen, geologischen und vielen anderen Faktoren abhängig ist. Doch so kompliziert muss es nicht immer sein, denn in einer guten Saison können beinahe überall Pilze gefunden werden. In einem feuchten Pilzjahr hat demnach beinahe jeder gute Chancen, fündig zu werden. Auch wenn es einiger Geduld bedarf und diverse Misserfolge vorprogrammiert sind, ist es ein unvergessliches Erfolgserlebnis, selbst seine Pilzstellen zu finden. Es gelingt garantiert.
Obwohl der Wald sicher die meisten Pilzarten beherbergt, so widme ich mich bewusst zuerst der waldarmen Landschaft. Es ist immer wieder erstaunlich, welche pilzliche Artenvielfalt in Gärten und Parkanlagen oder auf Feldern und Wiesen zu bestaunen ist. Einige Champignons sind als baumunabhängige Pilzgattung auf offene Graslandschaften geradezu spezialisiert. Allen voran der Wiesen-Champignon. Doch auch der begehrte Schaf-Champignon ist in all den genannten Bereichen zu Hause. Der Feld-Schwindling ist ein guter Suppenpilz, der auf Grasstandorte spezialisiert ist. Nährstoffreiche Löwenzahnwiesen bevorzugen die köstlichen Schopf-Tintlinge. Hier sind gelegentlich auch die fußballgroßen Riesen-Boviste

heimisch. Einzelne Bäume oder Baumgruppen bereichern die Standorte mit ihren Symbiosepartnern. So können sich essbare wie giftige Arten ansiedeln. Auch angepflanzte Birken können mit ihren Begleitpilzen die Standorte aus Sicht des Pilzsammlers aufwerten. Der gefährliche Grüne Knollenblätterpilz ist nicht selten in Parks zu finden, sofern dort Eichen oder Buchen stehen.

Bevor wir uns dem Wald als bevorzugtem Lebensraum der Pilze widmen, sollte etwas über das »Wann« gesagt werden. Beim Studium der Pilzbeschreibungen in diesem Buch wird man feststellen, dass es nahezu ganzjährig Pilze geben kann. Die Hauptsaison liegt in Mitteleuropa jedoch in den Monaten August bis Oktober, sofern sich die Niederschläge normal entwickeln. Regen ist die Voraussetzung für Pilzwachstum, egal in welcher Jahreszeit. In einem sehr feuchten Jahr kann aber nicht nur die Anzahl der erscheinenden Pilzfruchtkörper, sondern auch das Artenspektrum gegenüber einem Normalen erheblich abweichen. Der häufige Grünblättrige Schwefelkopf kann bei entsprechender Witterung fast ganzjährig auf Baumstümpfen erscheinen. Überhaupt sind Holz bewohnende Arten weniger empfindlich gegen Trockenheit. Speisemorchel, Frühjahrs-Lorchel, Maipilz und einige andere sind nur im Frühjahr zu finden. Dagegen fruktifizieren diverse Weichritterlinge, Violetter Rötelritterling und Brauner Rasling im Frühjahr und dann noch einmal im Spätherbst, während sie zwischenzeitlich ausbleiben. Der Austern-Seitling benötigt

Birken auf nassem, sumpfigem Boden. Moor-Birkenpilz, Birkenreizker, Bruchreizker, Rotbrauner Scheidenstreifling und Geschmückter Gürtelfuß sind typische Bewohner dieses Biotopes.

Trockener, flechtenreicher Kiefernwald auf Sandboden. Neben Steinpilz und Apfel-Täubling sind hier Schwarzfaseriger Ritterling und Grünling zu Hause. Im März fruchtet auch die Frühjahrs-Lorchel.

frostnahe Temperaturen, um zur Fruktifikation angeregt zu werden. Winter-Rübling und Winter-Trompetenschnitzling werden ihrem Namen gerecht, indem sie fast ausschließlich in frostfreien Perioden der Wintermonate wachsen. Je nach Höhenlage kann sich die Erscheinungszeit verschieben. Es ist demnach ein Unterschied, ob wir im Flachland Pilze suchen oder im Gebirge. Allein das Klima ist entscheidend.

Beim Aufsuchen eines Waldes sollten wir uns daran erinnern, dass viele Speise- und Giftpilze Mykorrhizapilze sind und nur unter bestimmten Bäumen wachsen. Viele Arten wurden nach ihrem Wirtsbaum benannt: Birkenreizker, Fichtensteinpilz, Espenrotkappe, Lärchenröhrling usw. Es lohnt sich demnach, die wichtigsten Bäume zu kennen. Dadurch lässt sich abschätzen, welchen Pilzarten wir in einem Wald begegnen können und die Bestimmung wird erleichtert. Der Pilzfreund sollte auch wissen, dass einige Baumarten bei uns kaum von Speisepilzen begleitet werden (Platane, Ahorn, Traubenkirsche, Linde, Pappel, Weide), ja sogar eine Mykorrhiza nicht tolerieren (Robinie). Unter Eiche, Rotbuche, Kiefer, Fichte, Lärche oder Tanne lohnt sich das Suchen eher. Monokulturen von Kiefern oder

Feuchter, mit Rinnsalen durchzogener, moosreicher Fichtenwald. Ein Eldorado für seltene Pilzarten. Hier ist auch bei trockenem Wetter einiges zu finden. Der schwach giftige Schönfuß-Röhrling ist hier zu Hause.

Laubmischwald mit Auwaldcharakter. Diverse, darunter auch seltene Schirmlingsarten bevorzugen derartige Gebiete. Den humosen Boden liebt auch der Braune Rasling. Im Frühling sind hier Maipilz und Morchel vertreten.

Fichten sind naturgemäß ärmer an Pilzarten als gemischte Wälder. Dennoch können auch eintönige, allenfalls durch eingestreute Birken aufgelockerte Kiefernwälder auf Sandböden wegen der zahlreichen möglichen Begleitpilze wahre Pilzoasen sein.
Ein nicht zu unterschätzender Faktor ist der pH-Wert des Bodens. Einige Pilzarten sind sehr davon abhängig, weshalb in den Texten dieses Buches häufig darauf eingegangen wurde. Allgemein gilt, dass basische, also kalkhaltige Böden, pilzreicher sind, als saure. Saure Untergründe sind dagegen oft nasser (Birken- und Erlenbestände, Moospolster) und die Suche ist dort bei trockener Wetterlage erfolgreicher. Der ökologisch Versierte kann am Pflanzenbewuchs (Zeigerpflanzen) leicht erkennen, ob ein Waldboden kalkhaltig ist oder nicht. Beispielsweise sind Orchideen, Bärlauch oder Waldmeister typisch für Kalkböden, während Heidekraut, Blaubeere oder Torfmoose saure Böden anzeigen. Fortgeschrittene Pilzsammler können das auch an der Pilzflora erkennen.
Die Erfahrung lehrt weiter, dass ein mit Flechten oder Moosen bewachsener Biotop mit wenig Unterwuchs pilzfreundlicher ist, als ein durch erhöhten Lichteinfall völlig vergraster, verkrauteter oder mit Adlerfarn bestandener Wald.

Spätherbstlicher Buchenwald auf Kalkboden. Neben häufigen Speisepilzen wachsen hier auch giftige Satans-Röhrlinge oder verwandte Arten.

Naturschutz

Dieser von Schnecken zerfressene Steinpilz sollte stehen bleiben.

Ob Pilze in gleicher Weise geschützt werden müssen wie Pflanzen, ist umstritten. Viele sind nicht unberechtigt der Meinung, dass fachgerechtes Sammeln die Pilze nicht nachhaltig dezimiert, da doch das Myzel erhalten bleibt. Durch Veränderung oder Vernichtung ihrer Lebensräume aber kann den Pilzen erheblicher Schaden zugefügt werden. Heute wird immer mehr Wert auf die Erhaltung und Pflege spezieller, bedrohter Biotope (Moore, Auwälder, Trockenrasen usw.) gelegt. Biotopschutz ist gleichzeitig auch Pilzschutz.
Der Sammler sollte durch vorsichtiges, ruhiges Verhalten in der Natur seinen Teil beitragen. Dazu gehört auch maßvolles, sachgerechtes Entnehmen der Fruchtkörper. Ungenießbare, giftige oder für den Verzehr ungeeignete, zu alte oder von Maden zerfressene Exemplare verbleiben prinzipiell am Standort. Sie können noch Millionen von Sporen abgeben und bieten zahlreichen Kleintieren Unterschlupf.

Im Buch enthaltene geschützte oder gefährdeten Arten

Boletus calopus, Schönfuß-Röhrling; RL 3
Boletus edulis, Fichten-Steinpilz; (gesch.)
Boletus satanas, Satans-Röhrling; RL 2
Calvatia utriformis, Hasen-Stäubling; RL 3
Cantharellus cibarius, Echter Pfifferling; (gesch.), RL 3
Cantharellus cinereus, Grauer Leistling; (gesch.)
Cantharellus tubaeformis, Trompeten Pfifferling; (gesch.)
Cantharellus xanthopus, Starkriechender Leistling; (gesch.)
Craterellus cornucopioides, Herbst-Trompete; RL 3
Gomphidius roseus, Rosenroter Gelbfuß; RL 3
Leccinum griseum, Hainbuchen-Röhrling; (gesch.)
Leccinum rufum; Espen-Rotkappe; (gesch.)
Leccinum scabrum, Birkenpilz; (gesch.)

Leccinum versipelle, Heide-Rotkappe; (gesch.)
Morchella conica, Spitz-Morchel; (gesch.)
Morchella esculenta, Speise-Morchel; (gesch.)
Morchella gigas, Halbfreie Morchel; (gesch.)
Ramaria pallida, Blasse Koralle; RL 3
Tricholoma equestre, Grünling; gesch., RL 3
Tricholoma pardalotum, Tiger-Ritterling; RL 3
Tricholoma portentosum, Schwarzfaseriger Ritterling; RL 3

Die Abkürzungen bedeuten:
gesch.: In Deutschland laut gültiger Artenschutzverordnung geschützt; darf nicht gesammelt werden.
(gesch.): In Deutschland eingeschränkt geschützt; Sammeln nur für den Eigenbedarf in angemessener Menge gestattet; Handel und Verkauf von in Deutschland gesammelten, derart gekennzeichneten Wildpilzen verboten.

Gefährdungskategorien der aktuellen Roten Liste:
RL 0: Verschollen: In Deutschland nach 1950 nicht mehr aufgefunden.
RL 1: Vom Aussterben bedroht.
RL 2: Stark gefährdet.
RL 3: Gefährdet.
RL R: Latent gefährdet (Rarität).

Sammlerregeln und Sammeltechniken

Gewisse Regeln sollten unbedingt beherzigt werden, da sie vor unnötigen Vergiftungen schützen. Es dürfen nur Pilze gegessen werden, die der Sammler einwandfrei als eine essbare Art identifiziert. Untypische, zu junge oder alte, oder durch Witterung (z.B. Frosteinwirkung) irgendwie veränderte Exemplare bleiben besser stehen. Man unterschätze nie die Artenvielfalt. Alle in diesem Buch angegebenen Merkmale müssen mit dem gesammelten Pilz zweifelsfrei übereinstimmen, auch die nicht sichtbaren wie Geruch oder Geschmack, sofern im Text angegeben.
Pauschale Regeln zum Erkennen essbarer oder giftiger Pilze (Verfärben eines Silberlöffels, Mitkochen einer Zwiebel, Tierfraß, Madengänge usw.) taugen nichts. Jede einzelne Pilzart muss durch

Studium ihrer botanischen Merkmale kennen gelernt werden. Ein Pilzbuch kann dafür wichtige Hilfestellung leisten.
Da sich unter den Lamellenpilzen tödlich giftige Arten befinden, wird dem Anfänger das Sammeln von Röhrlingen empfohlen. Sie sind als Gruppe leicht erkennbar und die wenigen giftigen oder bitteren Arten stellen zumindest keine Gefahr für das Leben dar. Der angehende Pilzfreund präge sich die Kennzeichen der im Buch abgebildeten gefährlichsten Giftpilze gut ein, besonders des Grünen, Weißen und Kegelhütigen Knollenblätterpilzes, des Pantherpilzes sowie des Spitzkegeligen und Orangefuchsigen Raukopfes.
Pilzware ist empfindlich und wegen des relativ hohen Eiweißgehaltes leicht verderblich. Der beste Sammelbehälter ist daher ein luftiger Korb, in dem die Pilze weder gedrückt werden noch leicht ins Schwitzen geraten. Plastiktüten sind allenfalls ein kurzzeitiger Notbehelf in kühler Jahreszeit.
Mit einem Taschenmesser werden die Pilze möglichst gleich am Standort vorgereinigt. Humus- und Sandreste, gegebenenfalls auch eine schleimige Huthaut oder wurmstichige Teile werden entfernt und der Stiel eingekürzt. So wird verhindert, dass sich die Exemplare gegenseitig beschmutzen und Sandreste in Lamellen oder Röhren fallen. Sie sind später kaum noch zu entfernen.

Ein mit Steinpilzen, Maronen-Röhrlingen, Rotkappen und Pfifferlingen gefüllter Pilzkorb.

Dünnstielige Arten oder Holzbewohner können abgeschnitten werden. Andere kann man mit dem Messer vorsichtig aus der Erde heben. Das entstandene Loch wird wieder verschlossen, um das Myzel vor Lichteinfall zu schützen. Besonders Wulstlinge oder Knollenblätterpilze besitzen an ihrer Stielbasis wichtige Merkmale (Knolle, Hüllreste), die beim Abschneiden des Stieles verloren gehen. Sie sollten zum Studium ihrer Kennzeichen als Ganzes entnommen werden. Im Korb können zweifelhafte oder noch zu bestimmende Pilze separat gelagert werden. Hierzu empfiehlt sich die Mitnahme kleiner Gefäße oder von Alufolie.

Pilze verwerten

Die gesammelten Pilze sollten noch am selben Tag bearbeitet und zubereitet werden. Eine Lagerung einwandfreier Exemplare ist im Kühlschrank bis zu 3 Tagen möglich. Es ist aber zu bedenken, dass die Qualität stündlich nachlässt. Durch Wasserabgabe werden die Fruchtkörper weich, schrumpfen und letztlich fressen sich eventuell vorhandene Maden immer weiter durch das wertvolle Pilzfleisch. Leider kann beim Säubern nicht immer auf Waschen verzichtet werden. Wasser sollte man aber sparsam einsetzen, damit sich die Pilze nicht unnötig voll saugen und das Aroma verwässert.
Die Zubereitung hängt von der jeweiligen Art ab. Hinweise dazu sind in den Texten nachzulesen. Einige eignen sich besonders zum Braten oder können wie ein Schnitzel paniert werden. Andere muss man vorher abkochen und das Kochwasser mit den darin gelösten Giftstoffen wegschütten. Vom Rohverzehr rate ich generell ab, da auch die besten Wildpilze bei ungenügender Erhitzung Magen-Darm-Probleme hervorrufen können. Eine Ausnahme sind Zucht-Champignons.
Soll eine Mahlzeit nicht an einem Tag aufgegessen werden, kann man sie bei sachgerechter, kühler Lagerung einmal aufwärmen.
Zum **Trocknen** sollte man festfleischige, madenfreie, vorher nicht gewaschene Exemplare verwenden. Sie werden in Scheiben geschnitten und bei etwa 40 Grad Celsius luftgetrocknet. Ein käufliches, elektrisches Dörrgerät leistet hier gute Dienste. Kompromisslösungen bieten Zentralheizung oder Backofen. Die rascheltrockenen Pilzstücke sind in möglichst luftdichter Verpackung (verschließbare Kunststoffbeutel, Schraubgläser) aufzuheben, damit sie nicht durch aufgenommene Luftfeuchte weich werden und Schimmel ansetzen. Das Trockengut ist mehrere Jahre haltbar.
Heute ist das **Einfrieren** sehr beliebt. Hier werden die geputzten und gewaschenen Pilze in gesalzenem Wasser einmal kurz aufgekocht (blanchiert), dann abgeschreckt und schockgefroren. Das Zusetzen einer Messerspitze Zitronensäurepulvers zum Kochwasser verhindert spätere Bakterienbildung. Die Haltbarkeit beträgt 6–12 Monate. Roh eingefrorene Pilze innerhalb von 3 Monaten aufbrauchen.

Pro und Kontra Pilzverzehr

Pilzzüchter raten manchmal unter Anführung fadenscheiniger Gründe vom Sammeln der Wildpilze ab. Verwechslungsgefahren, Naturschutzgründe und Umweltgifte werden in die Diskussion geworfen. Sammelleidenschaft, Freude an Natur und frischer Waldluft sowie unvergessliche Erfolgserlebnisse beim Finden erleben wir beim Kauf von Zuchtpilzerzeugnissen jedoch nicht. Der maßvolle Verzehr von Wild- wie Kulturpilzen ist gesund. Einmaliges Aroma und verdauungsfördernde Wirkung sind lange bekannt. Dazu werden mehr und mehr Kenntnisse über medizinische Eigenschaften (krebshemmende Wirkung, Stärkung des Immunsystems) sowie Inhaltsstoffe (Spurenelemente, Vitamine) essbarer Pilzarten erworben.
In seltenen Fällen wird der ungetrübte Pilzgenuss dadurch gestört, dass eine individuelle Unverträglichkeit gegen einen Speisepilz vorliegt, der von der überwiegenden Zahl der Menschen schadlos konsumiert werden kann. In langjähriger Pilzberatungspraxis erfuhr ich von Problemen mit Parasol, Schopf-Tintling und Schaf-Champignon. Die entsprechenden Personen fühlten sich bald nach dem Verzehr unwohl, manchmal auch schwindelig oder hatten einen starken Widerwillen gegen den Pilzgeschmack. Bei wiederholten Essversuchen stellten sich einmal auch Bauchschmerz und Magen-Darm-Krämpfe ein, ohne bleibende Folgen. Diese Unverträglichkeiten sind keinesfalls die Norm und können bei der Beurteilung des Speisewertes keine Berücksichtigung finden. Hallimasch und Butter-Röhrling können nach Literaturangaben gelegentlich Reaktionen allergischer Art auslösen. Wer also nach einer Mahlzeit Unwohlsein verspürt, sollte die entsprechende Pilzart meiden.

Der Butterröhrling ist ein potenzieller Allergiepilz.

Vom Myzel werden mit dem Wasser und gelösten Nährstoffen auch umweltbedingte Schadstoffe aufgenommen. So haben radioaktives Cäsium und Schwermetalle negative Schlagzeilen gemacht. Nach dem spektakulären Reaktorunfall von Tschernobyl im Jahre 1986 waren die Radioaktivwerte in Wildpilzen deutlich erhöht. Inzwischen hat sich die Situation merklich entschärft und es setzt sich nicht ohne Grund die Ansicht durch, dass positive Aspekte bei nicht übertriebenem Pilzverzehr überwiegen.

Giftpilze und ihre Wirkung auf den Menschen

Die größte Gefahr besteht für den Pilzsammler nach wie vor darin, dass er giftige Pilze verzehrt. Leichtsinn und Unkenntnis sind die wahren Feinde des Sammlers, nicht der Giftpilz ansich. Nach der Wirkungsweise der Gifte lässt sich eine Einteilung in 3 Kategorien vornehmen.

Kategorie 1: Tödliche Giftwirkung durch dauerhafte Schädigung innerer Organe. Für den Betroffenen führt eine derartige Vergiftung (1 mittelgroßer Fruchtkörper des Grünen Knollenblätterpilzes ist ausreichend) ohne Hilfe zum Tod. Grüner, Weißer und Kegelhütiger Knollenblätterpilz, Nadelholz-Häubling und diverse kleinere Schirmlinge enthalten Amanitin. Dieses in Knollenblätterpilzen (Gattung *Amanita)* zuerst entdeckte Gift zerstört die Leber. Durch die ringförmige chemische Struktur ist das Gift gegen Kochen oder Trocknen stabil. Die Zeit vom Verzehr bis zum Auftreten erster Symptome, die so genannte Latenzzeit, ist mit 5–12 Stunden ziemlich lang, was eine Therapie erschwert. Daher enden trotz fortschreitender medizinischer Möglichkeiten noch mindestens 20 % aller Fälle tödlich.

Spitzgebuckelter und Orangefuchsiger Raukopf enthalten das hitzestabile Zellgift Orellanin. Die Latenzzeit kann hier noch deutlich länger sein. Patienten sterben durch Zerfall von Leber und Nieren. Zum Glück sind diese Giftpilze, vor allem der Orangefuchsige Raukopf, nicht allgemein verbreitet, weshalb Vergiftungen in Deutschland selten vorkommen.

Kategorie 2: Nervengifte. Symptome sind bald nach dem Verzehr auftretende Reaktionen wie Schweißbildung, Speichelfluss, Zuckungen, Lähmung, Sehstörungen, Delirium, rauschähnliche Zustände usw. Tödliche Folgen sind eher selten, in schweren Fällen aber möglich. Fliegenpilz, Pantherpilz (Gift: Ibotensäure), Risspilze und Trichterlinge (Gift: Muscarin) können derartige Vergiftungen verursachen.

Kategorie 3: Wirkung auf den Magen-Darm-Trakt. In diesen Fällen ist die Latenzzeit gering und liegt meist innerhalb einer halben Stunde. Diverse, teils unbekannte Giftstoffe bewirken Bauchschmerzen oder führen zu Übelkeit, Erbrechen oder Durchfall. Die Erscheinungen vergehen in den folgenden Tagen, ohne dass bleibende Schäden zu beklagen sind. Riesen-Rötling und Tiger-Ritterling gehören zu den gefährlicheren Pilzen dieser Kategorie, während der Verzehr des Karbol-Champignons nicht in allen Fällen zu einer Vergiftung führt. Der **Kahle Krempling** nimmt bei den Giftpilzen eine Sonderstellung ein. Dieser war früher Marktpilz, musste aber vor dem Verzehr gründlich abgekocht und dann scharf gebraten werden. Trotz dieser Vorbehandlung kann es zu heftigen Bauchkoliken, Hämolyse und teilweisem Nierenversagen kommen. Die Symptome basieren auf einer allergischen Reaktion des menschlichen Organismus auf ein Pilzantigen des Kremplings. Vor allem durch wiederholten Pilzgenuss soll es zu einer Sensibilisierung durch Anhäufung von Antigen-Antikörper-Komplexen im Blut kommen. Nicht alle Pilzfreunde sind anscheinend davon betroffen, da etliche Sammler den Kahlen Krempling weiterhin schadlos konsumieren. Personen mit schwachen inneren Organen, z.B. Leberschäden, sollten den Pilz unbedingt meiden. Für sie besteht Lebensgefahr.

Verhalten bei einer Pilzvergiftung

Sollte widererwarten der »Ernstfall« eintreten und sich nach einer Pilzmahlzeit Unwohlsein einstellen oder ein unbekannter Pilz wurde verschluckt (z.B. von einem Kleinkind), ist Folgendes zu tun:

1: Ruhe bewahren, da die überwiegende Zahl der Fälle relativ harmlos ist.

2: Weder Milch noch Alkohol trinken. Beides verstärkt die Symptome. Salzwasser ist aus gesundheitlichen Gründen ebenfalls zu meiden.

3: Möglichst bald ein Krankenhaus aufsuchen, falls nötig, mit Hilfe eines Notarztes.

4: Reste der konsumierten Pilze (hilfreich sind auch Abfallstücke sowie Putzreste) oder Erbrochenes mitnehmen oder sicherstellen lassen. Dies ist für eine rasche Bestimmung der Pilze notwendig, die nicht vom Arzt, sondern von einem Pilzfachmann vorgenommen wird.

Je eher sich nach dem Verzehr Symptome einstellen, desto harmloser ist die Vergiftung. Die tödlichen Arten haben eine relativ lange Latenzzeit von einigen Stunden.

Pilze bestimmen

Die Bestimmung der meisten in diesem Buch vorgestellten Anfängerarten ist schnell erlernbar. Dennoch erfordert sie sorgfältiges Hinsehen und Vergleichen sowie die Kenntnis einiger wichtiger Bestimmungsmerkmale. Eine Übersicht hierüber finden Sie in der hinteren Umschlagklappe.
Wer darüber hinaus einige wichtige Pilzgruppen erkennen kann, dem fällt das Auffinden eines unbekannten Pilzes im Buch leichter. Dazu will die folgende Zusammenstellung anregen.
Die Bezeichnungen Weiß-, Rosa-, Braun- oder Schwarzsporer beziehen sich auf die Farbe des ausgefallenen Sporenpulvers bei Lamellenpilzen. Diese Farbe ist sehr konstant und bietet uns eine sichere Hilfe beim Bestimmen. Leider ist die Lamellenfarbe nicht immer mit der des Sporenpulvers identisch. Um das Sporenpulver farblich beurteilen zu können, muss es auf einfache Weise aufgefangen werden. Vom Stiel befreite Pilzhüte werden dazu mit den Lamellen nach unten auf rein weißes Papier gelegt und abgedeckt. Nach einigen Stunden lagert sich das Pulver unter den Hüten als negativer Lamellenabdruck ab. Besonders eindrucksvoll ist das bei den Arten mit farbigen Sporen. Manchmal haben Pilzhüte bereits im Sammelkorb ihren Abdruck hinterlassen. Mit wachsender Erfahrung lässt sich die Sporenfarbe auch ohne Ausfallpräparat besser beurteilen und wir können uns die Mühe sparen.
Die auf den Doppelseiten dargestellten Hauptarten sind in 3 leicht erkennbare Gruppen unterteilt.

Gruppe 1: Lamellenpilze
Diese machen entsprechend der in der Natur vorkommenden Arten den überwiegenden Teil des Buches aus. Einige hier aufgenommene Gattungen (z.B. Täublinge und Milchlinge, Seitlinge, Kremplinge oder Schmierlinge) sind jedoch keine echten Lamellenpilze in Sinne einer wissenschaftlichen Systematik. Sie sind lediglich aus praktischen Gründen hierher gestellt worden, da sie an der Hutunterseite Lamellen ausbilden. Das Merkmal der Lamellen-

bildung ist für den Pilzsucher leicht nachvollziehbar. Zur weiteren Unterteilung der Lamellen tragenden Pilze können folgende Merkmale beachtet werden.

Lamellenpilze mit freien Lamellen, Weißsporer (reife Lamellen weiß). Doppelseiten 24–30: Beim Umdrehen des Hutes oder im Längsschnitt ist zu erkennen, dass die Lamellen den Stiel nicht erreichen. Ihre Farben sind weiß bis gelblich und bleiben auch im reifen Zustand hell. Achtung: Hierher gehören unsere gefährlichsten Giftpilze.

Lamellenpilze mit freien Lamellen, Braunsporer (reife Lamellen braun). Doppelseiten 32–36: Die Lamellen erreichen den Stiel nicht wie in voriger Zwischengruppe, färben sich aber bald dunkelbraun. Zwischentöne können rosa oder graurosa sein. In dieser Untergruppe sind die Champignons angesiedelt.

Lamellenpilze mit angewachsenen Lamellen, Weiß- bis Rosasporer. Doppelseiten 38–60: Hier sind die Lamellen am Stiel unterschiedlich befestigt. Wie sie angewachsen sind (schmal angeheftet, breit angewachsen, ausgebuchtet oder herablaufend), ist zur Bestimmung der Untergruppe unerheblich, wird aber im Text bei der jeweiligen Art erwähnt. Die Lamellenfarbe ist und bleibt stets hell (weißlich, gelb, lachsfarben).

Lamellenpilze mit angewachsenen Lamellen, Braun- bis Schwarzsporer. Doppelseiten 62–80: Die Lamellen sind angewachsen wie davor, jedoch ist die Farbe zumindest im reifen Zustand ocker, oliv, rost- bis zimtbraun, violettbraun oder schwarz.

Sprödblättler (Milchlinge und Täublinge). Doppelseiten 82–90: In dieser Pilzgruppe ist die brüchig-spröde Konsistenz des Fleisches, bedingt durch überwiegend rundzellige Struktur, ausschlaggebend. Auch die Lamellen splittern (mit einer Ausnahme), wenn sie gerieben werden. Das Stielfleisch lässt sich nicht auffasern, sondern bricht wie mürber Käse. Milchlinge sondern den typischen Milchsaft ab, während sich viele Täublinge durch auffallend bunt gefärbte Hüte auszeichnen. Hier kann gefahrlos mittels einer Geschmacksprobe die Bestimmung ergänzt werden, indem ein winziges rohes Stück nach Feststellung einer möglichen Schärfe sofort wieder ausgespuckt wird.

Gruppe 2: Röhrlinge
Doppelseiten 92–106: An der Hutunterseite dieser Pilze befindet sich anstelle von Lamellen eine schwammartige Röhrenschicht. Die meisten Arten sind soft fleischige Bodenbewohner, die mit Bäumen in Symbiose leben. Unter den Röhrlingen befinden sich keine tödlich giftigen Arten, wohl aber sehr populäre Speisepilze (z.B. Steinpilz, Maronen-Röhrling). Deshalb wird dem Neuling das Sammeln von Arten aus dieser Gruppe besonders empfohlen.

Gruppe 3: Andere
Im Wald begegnet der Sammler einer Vielzahl von Pilzen, die hier eingeordnet werden. Die meisten sind unscheinbar und werden häufig übersehen. Sie sind aber für den Haushalt der Natur genauso wichtig wie die auffälligen Arten. Von den wenigen für Speisezwecke in Frage kommenden wurden die wichtigsten in dieses Buch aufgenommen.

Nichtblätterpilze (Leistlinge, Glucken). Doppelseiten 108–112: Hierher gehören Pilzgattungen, die keine echten Lamellen besitzen und die weder Bauchpilze noch Schlauchpilze sind. Der Pfifferling ist wohl die populärste Art dieser Gruppe. Seine hutunterseits befindlichen dicklichen Leisten können Lamellen vortäuschen. Bei verwandten Arten sind diese zu Runzeln oder Adern reduziert oder fehlen ganz. Andere Gattungen bilden Stacheln aus oder ihre Fruchtkörper fallen durch besondere Formen auf, aussehend wie Keulen oder verzweigte Meereskorallen. Die am Fuße von Nadelbäumen wachsende Krause Glucke wirkt von weitem wie ein Badeschwamm.

Bauchpilze (Boviste, Stäublinge). Doppelseiten 114–116: Bauchpilze zeichnen sich durch ihre rundlich-kompakte Gestalt aus. Ihr Inneres wandelt sich beim Reifen in eine braune Sporenmasse um und stäubt aus. Viele Arten sind jung essbar, solange sie völlig weiß gefärbt sind.

Schlauchpilze (Morcheln, Lorcheln). Doppelseiten 118–120: Schlauchpilze sind eine sehr artenreiche, vielgestaltige Gruppe. Ihre exakte Zugehörigkeit kann nur mit dem Mikroskop ermittelt werden. Für den Sammler sind besonders Morcheln und Lorcheln interessant, da sie auffällige, große Fruchtkörper ausbilden. Hut und Stiel sind hier deutlich unterscheidbar und das Fleisch ist vor allem im Hutbereich brüchig. Morcheln gehören zu unseren delikatesten Speisepilzen.

Großer Riesenschirmling, Parasol

Macrolepiota procera

Steckbrief: Hut 10–30 cm breit, blass bräunlich, mit anliegenden, konzentrischen Schuppen; Lamellen weißlich, breiter als Hutfleisch, frei, vom Stiel durch einen sterilen Ringwulst (Kollar) getrennt; Stiel bräunlich, genattert, hohl, mit knolliger Basis; Ring dick, doppelt gerandet, im Alter verschiebbar; Fleisch weißlich, im Schnitt nicht rötend; Geruch und Geschmack angenehm nussartig.

Saprobiont am Boden; Wachstum einzeln oder in kleinen Gruppen; lichte Stellen des Laub- und Nadelwaldes, Wegränder, Parkanlagen, Wiesen; Juli – Oktober (November); häufig.

Speisewert: Schmackhafter Speisepilz; nur Hüte verwenden, besonders zum Panieren geeignet; Stiele verwerfen oder getrocknet zu Pilzpulver zermahlen.

Verwechslung: Die Gattung enthält keine stark giftigen Arten. Einige sind jedoch im Speisewert umstritten.

◀ Steriler Ringwulst (Kollar) und ein im Alter verschiebbarer Ring sind wichtige Merkmale der Riesenschirmlinge.

Der essbare **Safran-Schirmling** *(Macrolepiota rachodes)* ist etwas gedrungener. Sein Fleisch läuft verletzt safranrötlich an und der blasse Stiel ist glatt. ▼

◀ Kleinere Schirmlinge können tödlich giftig sein, da einige Knollenblätterpilzgifte (Amanitine) enthalten. Einer von ihnen ist der seltene **Fleischrosa Schirmling** *(Lepiota josserandii)*.

◀ Der ungenießbare **Raue Schirmling** *(Lepiota aspera)* zeichnet sich durch kegelförmige Hutschuppen, nicht verschiebbaren, lappigen Stielring und sehr eng stehende, gegabelte Lamellen aus. Er besitzt keinen Kollar. Der Geruch ist unangenehm stechend.

Perlpilz, Rötender Wulstling

Amanita rubescens

Steckbrief: Hut 5–15 cm breit, fleischbräunlich bis gelblich-fleischfarben, alt nachdunkelnd, Rand ungerieft, Huthaut mit abwaschbaren, schmutzig weißen Velumschüppchen; Lamellen weißlich, eng stehend, frei; Stiel blass, mit hängendem, längs riefigem Ring, Basisknolle absatzlos in den Stiel übergehend, selten mit feinen Warzchenkränzen; Fleisch weiß, allmählich rötend, besonders in Madengängen (angeschnittene Knolle); Geruch und Geschmack unauffällig.

Mykorrhizapilz; in Laub- und Nadelwäldern auf fast allen Böden auftretend; Juni – Oktober; häufig.

Speisewert: Wohlschmeckender, zart fleischiger Pilz, gut zum Dünsten geeignet; leicht verderblich, möglichst frisch und jung verwenden (halb geschlossene Hüte), gut durchgaren.

Verwechslung: Ohne genaue Kenntnis des giftigen Pantherpilzes sollte die Art nicht gesammelt werden.

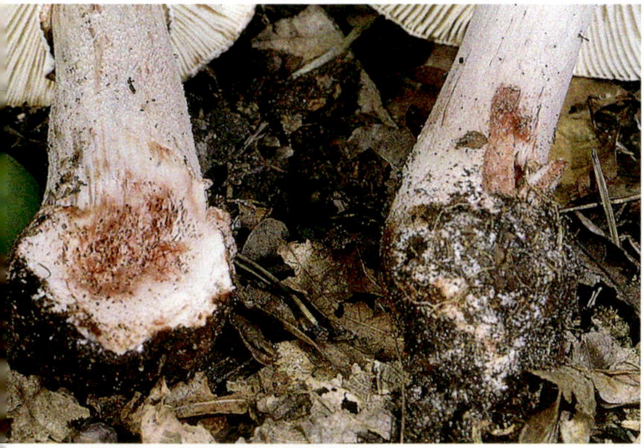

◀ In der angeschnittenen Stielknolle des Perlpilzes sind Madengänge stets gerötet.

Der sehr ähnliche **Graue Wulstling** *(Amanita excelsa)* rötet kaum und besitzt graue Velumschuppen. Er ist essbar, doch nicht wohlschmeckend. ▶

▲ Den giftigen **Pantherpilz** *(Amanita pantherina)* kennzeichnen reinweiße Hutflocken, schmaler, glatter Stielring und durch einen ringförmigen Wulst (wie ein umgerolltes Bergsteigersöckchen) deutlich abgesetzte, tief im Erdboden sitzende Stielknolle. Das nach Rettich riechende Fleisch rötet nicht. Pantherpilze enthalten das Nervengift Ibotensäure in weitaus höherer Konzentration als Fliegenpilze (Symptome siehe dort). Latenzzeit 1/2 – 2 Stunden. Todesfälle sind möglich. Der Pantherpilz bevorzugt Sandböden.

Grüner Knollenblätterpilz

Amanita phalloides

Steckbrief: Hut 4–15 cm breit, heller oder dunkler oliv-, gelb- oder grasgrün, oft radial gemasert, manchmal sehr blass, selten mit weißen Hautresten; Lamellen weiß, eng stehend, frei; Stiel blass grünlich, genattert, mit schwach riefigem Ring, Basisknolle mit weißen Hautresten; Fleisch weiß; Geruch süßlich, im Alter widerlich aufdringlich.

Mykorrhizapilz; in Wäldern, Parkanlagen und Gärten, besonders unter Eichen oder Rotbuchen; (Juni) Juli – Oktober; relativ häufig, sofern die Baumpartner vorhanden sind.

Giftwirkung: Tödlich giftig; das enthaltene Amanitin zerstört die Leber; lange Latenzzeit von 4–16 Stunden, wodurch die Vergiftung oft zu spät bemerkt wird. Erste Anzeichen: starke Bauchschmerzen, Erbrechen, Durchfall. Das Gift ist weder durch Erhitzen noch Trocknen zerstörbar.

Verwechslung: Gefahr besteht beim Sammeln von grünen Täublingen oder Ritterlingen. Die weißen Arten könnten leicht für Champignons gehalten werden.

◀ Der tödlich giftige **Weiße Knollenblätterpilz** *(Amanita phalloides* var. *verna)* ist eine farblose Variante des grünen Verwandten. Der typisch süßliche Geruch stimmt mit dem der grünen Form überein.

Der Hut des **Kegelhütigen Knollenblätterpilzes** *(Amanita virosa)* ist lange halb geschlossenen. Der faserig wollige Stiel entspringt einer eng anliegenden Scheide. Der Pilz ist tödlich giftig, aber relativ selten. ▶

◀ Der häufige, nach Kartoffelkeller riechende **Gelbe Knollenblätterpilz** *(Amanita citrina)* ist nur schwach giftig. Das enthaltene »Krötengift« Bufotenin verliert durch Kochen seine ohnehin nicht lebensbedrohende Wirkung.

Fliegenpilz

Amanita muscaria

Steckbrief: Hut 5–15 cm breit, leuchtend rot, seltener orange oder nur gelb, mit rein weißen Velumflocken, die durch Regen abgewaschen sein können; Lamellen weiß, eng stehend, frei, mit fein schartiger Schneide; Stiel weiß, beringt, Knolle am Übergang zum Stiel mit Warzenkränzen; Fleisch unveränderlich weiß, unter der Huthaut gelb; Geruch unauffällig.

Mykorrhizapilz; unter Laub- und Nadelbäumen, besonders Birke, Fichte oder Kiefer; vor allem auf sauren Böden; (August) September – November; häufig.

Giftwirkung: Das Nervengift Ibotensäure führt zu Lähmung, Atemnot, Delirium, auch Kribbelgefühl oder Tobsucht; Latenzzeit 1/2–2 Stunden; Todesfälle sind selten, da der Fliegenpilz oft relativ wenig Gift enthält.

Verwechslung: Bei wetterbedingt veränderter Hutfarbe in Richtung Orange oder Gelb und gleichzeitigem Verlust der Hutflocken werden Fliegenpilze oft verkannt.

◀ Bei sehr jungen Exemplaren des Fliegenpilzes zeigt sich die rote Hutfarbe erst im Längsschnitt. Darunter liegen die typisch gelbe Farbzone sowie die Lamellenanlagen.

Der ähnlich gefärbte **Kaiserling** *(Amanita caesarea)* ist ein vorzüglicher südeuropäischer Speisepilz. Bestes Kennzeichen ist die bescheidete Stielbasis. Er erscheint selten in wärmeren Lagen Südwestdeutschlands. ▶

◀ Der häufige, ungiftige **Rotbraune Scheidenstreifling** *(Amanita fulva)* gehört zu den so genannten ringlosen Wulstlingen. Wegen des fehlenden Aromas lohnt das Sammeln kaum. Er besitzt etliche Verwandte in verschiedenen Hutfarben.

Wiesen-Champignon, Feld-Egerling

Agaricus campestris

Steckbrief: Hut 3–8 cm breit, weiß, Huthaut trocken, seidig, selten leicht schuppig aufbrechend; Lamellen eng stehend, frei, bald schön rosa »aufblühend«, dann schokoladenbraun; Stiel weiß, mit zuspitzender Basis, Ring schwach ausgebildet, oft fehlend oder am Hutrand zurückbleibend; Fleisch weiß, kaum verfärbend; Geruch und Geschmack angenehm pilzartig.

Saprobiont am Boden; in geselligen Gruppen, Reihen oder Kreisen (Hexenringen), auf natürlich gedüngten Wiesen und Feldern wachsend; Mai – Oktober; lokal häufig.

Speisewert: Schmackhafter Speisepilz; junge, halb geschlossene Hüte sind eine ebenbürtige, wildwachsende Alternative zum Kultur-Champignon.

Verwechslung: Bei Beachtung der »Champignonmerkmale« (rosa bis braun gefärbte, freie Lamellen) ist eine ernsthafte Vergiftung ausgeschlossen.

◀ Weißhütige Formen des größeren, schwach giftigen **Karbol-Champignons** *(Agaricus xanthoderma)* können ebenfalls auf Wiesen wachsen. Das Fleisch riecht nach Karbol oder Tinte. Es färbt sich besonders in der angeschnittenen Stielbasis intensiv chromgelb. Der Genuss kann Übelkeit, Erbrechen und Durchfall hervorrufen, jedoch keine Dauerschäden.

Im Gras findet man auch den selteneren **Triften-Zwerg-Champignon** *(Agaricus comtulus)*, der wegen der winzigen, kaum 3 cm breiten Hüte für Speisezwecke nicht in Frage kommt. ▶

◀ Der zierliche **Krönchen-Träuschling** *(Stropharia coronilla)* sollte wegen seiner halluzinogenen Inhaltsstoffe (Psilocybin) gemieden werden. Er ist an seinem schmalen, grob gerieften Stielring sowie breit angewachsenen Lamellen zu erkennen.

Schaf-Champignon, Anis-Champignon

Agaricus arvensis

Steckbrief: Hut 5–15 cm breit, weiß, im Alter strohgelblich verfärbend, Huthaut trocken, meist glatt, doch auch witterungsbedingt faserig rissig oder schuppig; Lamellen weiß, dann graurosa und bei Reife schokoladenbraun, eng stehend, frei; Stiel weiß, stämmig, mit ausgeprägtem, häutigem Ring, der unterseits (geschlossenen Hut betrachten) zahnradartig gestaltet ist; Fleisch weiß, gilbend; Geruch anisartig, manchmal auch nach Bittermandel.

Saprobiont am Boden; gesellig an Waldrändern, auf Äckern, gedüngten Wiesen, in Parks und Gärten; Mai – Oktober; sehr häufig.

Speisewert: Ergiebiger Speisepilz, dessen Aroma, obwohl es beim Zubereiten nahezu verschwindet, nicht jedermann zusagt.

Verwechslung: Auf den Anisgeruch ist besonders zu achten.

◀ Der geschlossene, junge Hut des Schaf-Champignons ist unterseits zahnradartig gestaltet.

◀ Der tödlich giftige **Weiße Knollenblätterpilz** *(Amanita phalloides* var. *verna)* hat bleibend weiße Lamellen und eine bescheidete Stielbasis.

▲ Der schwach giftige **Karbol-Champignon** *(Agaricus xanthoderma)* gilbt intensiver und riecht unangenehm nach Karbol oder Tinte. Die Unterseite geschlossener Hüte ist nie zahnradartig. Er ist schwach giftig.

◀ Harmlos wäre eine Verwechslung mit dem **Seidigen Egerlingsschirmling** *(Leucoagaricus holosericeus)*, der zeitgleich zusammen mit dem Schaf-Champignon erscheint. Seine freien Lamellen bleiben weiß. Der essbare Pilz sollte nur von Kennern gesammelt werden.

Wald-Champignon
Kleiner Blut-Egerling

Agaricus silvaticus

Steckbrief: Hut 4–10 cm breit, blass bis kräftig braun, Huthaut trocken, bald in feinere oder gröbere Schuppen aufbrechend; Lamellen bald rosa, dann schokoladenbraun, eng stehend, frei; Stiel weißlich, nachdunkelnd, kahl bis fein flockig, mit wohl ausgeprägtem Ring; Fleisch weiß, im Schnitt mehr oder weniger kräftig rötend; Geruch und Geschmack unauffällig, angenehm.

Saprobiont am Boden; in Laub- und Nadelwäldern, besonders auf kalkhaltigen Böden, doch auch mäßig sauren Untergründen nicht abgeneigt; Juli – Oktober; häufig.

Speisewert: Guter, ergiebiger Speisepilz von der Qualität des Kultur-Champignons.

Verwechslung: Beim Wald-Champignon achte man auf das rötende Fleisch. Nahe verwandt sind der auf Kalkböden wachsende Große Wald-Champignon *(Agaricus langei)* und der Sandböden bevorzugende Breitschuppige Champignon *(Agaricus lanipes)*.

◀ Gelb verfärbendes Fleisch und Bittermandelgeruch besitzt der essbare **Riesen-Champignon** *(Agaricus augustus)*. Seine Hüte können bis zu 25 cm breit werden. Er kann in Wäldern oder Parkanlagen gefunden werden.

Der weniger häufige **Rebhuhn-Champignon** *(Agaricus phaeolepidotus)* erzeugt bisweilen Verdauungsstörungen. Er ist ein braunhütiger Verwandter des weißen Karbol-Champignons. Karbolgeruch und gilbendes Fleisch sind Merkmale beider Arten. ▼

Schwarzfaseriger Ritterling, Schnee-Ritterling

Tricholoma portentosum

Steckbrief: Hut 4–10 cm breit, hell- bis dunkelgrau (anderer Name: Rußkopf), meist mit feiner, schwärzlicher Radialstreifung, Huthaut etwas schmierig; Lamellen weiß, alt mit gelbgrünlichem Schein, eng stehend, am Stiel ausgebuchtet; Stiel weiß, im Alter stellenweise gelbgrünlich überhaucht; Fleisch weiß, fest; Geruch und Geschmack angenehm mehlartig

Mykorrhizapilz; unter Nadelbäumen, besonders Kiefer, Fichte oder Tanne, gern auf sauren flechten- und moosreichen Sandböden; erscheint häufig zusammen mit dem Grünling; September – Dezember; lokal häufig.

Speisewert: Schmackhafter, festfleischiger Speisepilz, dem bekannten Grünling gleichwertig.

Verwechslung: Das Sammeln grauhütiger Ritterlinge ist Neulingen nicht zu empfehlen.

◀ Sehr ähnlich ist der unter Buchen vorkommende **Schärfliche Ritterling** *(Tricholoma sciodes)*. Er ist geruchlos und schmeckt bitter und scharf. Der Verzehr bewirkt Reizungen der Verdauungsorgane.

Der **Tiger-Ritterling** *(Tricholoma pardalotum)* zeichnet sich durch schuppigen Hut und Mehlgeruch aus. Er verursacht 1/2–3 Stunden nach dem Verzehr heftige Magen- und Darmstörungen. ▶

◀ Der **Grünling** *(Tricholoma equestre)* wächst oft in Gesellschaft des Schwarzfaserigen Ritterlings. Leider ist der beliebte Speise- und Marktpilz im Jahre 2001 in Verruf geraten, da er in Frankreich mehrfach Todesfälle durch verzögerte Auflösung der quer gestreiften Herzmuskulatur verursacht haben soll. Die Meldung ist bisher weder bestätigt noch dementiert worden. In den »Grünlingsgegenden« um Berlin wird der Pilz nach wie vor ohne Schaden verzehrt.

Brauner Rasling, Büschel-Rasling

***Lyophyllum decastes* (= *L. aggregatum*)**

Steckbrief: Hut 3–10(15) cm breit, heller oder dunkler braun oder graubraun, einfarbig, gefleckt oder gestreift, Huthaut trocken; Lamellen schmutzig weißlich, eng stehend, gerade angewachsen; Stiel weißlich oder mit etwas Hutfarbe, am Grunde miteinander verwachsen; Fleisch weißlich, elastisch; Geruch und Geschmack unauffällig.

Saprobiont am Boden; büscheliges Wachstum, in lichten Laub- und Mischwäldern, Parks und Gärten; auf lockeren, humosen Böden, gern unter Pappeln oder Weiden; April – Mai und September – November; häufig.

Speisewert: Guter, ergiebiger Speisepilz; auch zum Einfrieren geeignet; untere Stielteile sind zäh und werden abgeschnitten.

Verwechslung: Form, Farbe und Größe des Braunen Raslings sind sehr veränderlich. Frost-Rasling und Gepanzerter Rasling sind weitere Erscheinungsformen derselben Art.

◄ Der **Weiße Rasling** *(Lyophyllum connatum)* fällt durch weiße Farben auf und riecht wie die Blüte des Hohlen Lerchensporns (daher auch Lerchensporn-Ritterling). Der essbare Pilz ist in Verruf geraten, da der Inhaltsstoff Lyophyllin krebsfördernde Wirkung haben soll.

Der nach Mehl riechende, essbare **Pappel-Ritterling** *(Tricholoma populinum)* wächst kaum büschelig. Er erscheint im Herbst an Pappelstandorten. ►

◄ Der kleinere **Weißbraune Ritterling** *(Tricholoma albobrunneum)* ist ein giftiger Bewohner des Kiefernwaldes. Sein Genuss erzeugt heftige Verdauungsstörungen.

Nebelgrauer Röteltrichterling, Nebelkappe

Lepista nebularis

Steckbrief: Hut 5–15 cm breit, grau bis graubraun, jung typisch gebuckelt, Huthaut trocken, kahl, gelegentlich bereift; Lamellen weißlich bis cremegelblich, sehr eng stehend, kurz herablaufend; Stiel schlank keulig, überfasert; Fleisch weiß, mürbe; Geruch und Geschmack aufdringlich süßlich-mehlartig.

Saprobiont am Boden; gesellig in Reihen und Bögen erscheinend; in Laub- und Nadelwäldern; September – November; sehr häufig.

Speisewert: Essbar nach Abkochen und Wegschütten des Kochwassers; andernfalls sind leichte Verdauungsstörungen möglich. Wer eine Abneigung gegen den Geruch hat, sollte den Pilz meiden.

Verwechslung: Die Nebelkappe ist durch ihren aufdringlichen Geruch unverwechselbar gekennzeichnet.

◀ Der häufige, geruchlose **Keulenfuß-Trichterling** *(Clitocybe clavipes)* kann die gleiche Größe erreichen. Seine weit herablaufenden Lamellen stehen entfernter. Die Art ist essbar, bewirkt jedoch in Verbindung mit Alkohol vorübergehend Herzrasen, Gesichtsrötung und Beklemmungsgefühle (Antabuswirkung, hervorgerufen durch Coprin).

▶ Stärkere Gifte enthält der **Riesen-Rötling** *(Entoloma sinuatum)*, dessen Mehlgeruch eher angenehm ist. Seine Lamellen laufen nicht herab, stehen weniger eng und sind zuerst gelblich, dann lachsrosa gefärbt. Der Verzehr führt zu heftigen Magen- und Darmstörungen, selten sogar zum Tode. Der wärmeliebende Pilz ist nicht allgemein verbreitet. ▶

Violetter Rötelritterling

Lepista nuda

Steckbrief: Hut 4–10 cm breit, blass bis kräftig violett oder violettbraun, auch nur bräunlich, Huthaut kahl, trocken; Lamellen violett, eng stehend, am Stiel angeheftet; Stiel hellviolett, feinfaserig, Basis mit violettlichem Myzel; Fleisch mürbe, weißlich violett; Geruch angenehm würzig, dabei etwas parfümiert.

Saprobiont am Boden; im Humus von Laub- und Nadelwäldern, in Parks und Gärten; April – Mai und September – November; sehr häufig.

Speisewert: Guter, schmackhafter Speisepilz; für fast alle Zubereitungsarten geeignet, auch zum Einfrieren. Der Verzehr soll blutdrucksenkende Wirkung zur Folge haben.

Verwechslung: Die Gattung enthält keine Giftpilze.

◀ Der **Lilastiel-Rötelritterling** *(Lepista personata)* ist ein essbarer, neutral riechender, hellhütiger Verwandter auf spätherbstlichen Wiesen. Bei ihm ist gewöhnlich nur der Stiel violett überhaucht.

Der **Lilafarbene Rötelritterling** *(Lepista sordida* var. *lilacea)* wirkt wie eine schmächtige, blass lila gefärbte Form des Violetten Rötelritterlings. Der Geruch des Doppelgängers ist nicht würzig, sondern eher etwas dumpf. Er kann ohne Schaden mitverzehrt werden. ▶

◀ Der giftige **Lila Dickfuß** *(Cortinarius traganus)* erzeugt innerhalb einer Stunde nach dem Verzehr Übelkeit und Erbrechen. Der zu den braunsporigen Schleierlingen gehörende Pilz ist leicht am stechenden Geruch nach Acetylengas und dem safranfarbenen Fleisch zu erkennen.

Maipilz, Georgs-Ritterling, Huf-Ritterling

Calocybe gambosa

Steckbrief: Hut 3–10 cm breit, meist kalk- bis elfenbeinweißlich, selten gelblich bis bräunlich, fleischig, jung typisch hufförmig, Huthaut trocken, matt; Lamellen weiß, eng stehend, schmal, ausgebuchtet bis breit angewachsen; Stiel weiß, zylindrisch und stämmig; Fleisch weiß; Geruch und Geschmack aufdringlich nach ranzigem Mehl.

Saprobiont am Boden; in auwaldartigen Laub- und Mischwäldern, an Bachläufen und Seeufern, in Gärten und Anlagen; April – Juni; häufig, bei günstiger Witterung Massenpilz.

Speisewert: Essbar; sollte wegen des aufdringlichen Geschmacks vor dem Braten einmal kurz abgebrüht werden. Obwohl die Mehlkomponente nie ganz verschwindet, hat der Pilz seine Liebhaber.

Verwechslung: Der kompakte Maipilz ist die am leichtesten erkennbare Art der Gattung.

◀ Der **Ziegelrote Risspilz** *(Inocybe erubescens)* ist der klassische, giftige Doppelgänger. Er enthält das Nervengift Muscarin (Symptome siehe S. 70) und erscheint etwa gegen Ende der Maipilzzeit.

Junge, ungerötete **Ziegelrote Risspilze** sind besonders ähnlich. Sie riechen erst etwas obstartig, bald jedoch widerlich spermatisch, wie die meisten Gattungsvertreter. ▶

◀ Der essbare **Veilchen-Rötelritterling** *(Lepista irina)* ähnelt dem Maipilz, wächst aber erst im Herbst. Sein parfümiert süßlicher Geruch erinnert an die in Apotheken erhältliche, getrocknete »Veilchenwurzel« *(Iris florentina)*.

Gemeiner Hallimasch

Armillaria ostoyae (= A. polymyces)

Steckbrief: Hut 3–10 cm breit, fleisch- oder honigbräunlich, Huthaut trocken, fein flockig; Lamellen hell cremefarben, nachdunkelnd, eng stehend, breit angewachsen bis kurz herablaufend; Stiel mit flockigem Ring; Fleisch weiß, im Stiel gelblich bis bräunlich, zäh; Geruch unauffällig.

Parasitischer Holzbewohner; befällt alle Laub- und Nadelhölzer; büscheliges Wachstum; September – November; sehr häufig.

Speisewert: Essbar nach Abkochen; gut durchbraten, zähe Stiele entfernen. Die Giftstoffe gehen ins Kochwasser über. Selten führt der Verzehr trotz korrekter Vorbehandlung zu Unwohlsein. In diesem Falle ist der Pilz zu meiden.

Verwechslung: Der großen Veränderlichkeit des Hallimasch wird heute durch die Beschreibung diverser Kleinarten Rechnung getragen.

◀ Das Myzel des Hallimasch bildet oft schwarzbraune Stränge aus (Rhizomorphen).

Der **Honiggelbe Hallimasch** *(Armillaria mellea)* unterscheidet sich durch fast kahlen, gelblichen Hut und gelb gefärbte Ringunterseite. Er besitzt denselben Speisewert. ▶

◀ Büscheliges Wachstum und parasitische Eigenschaften zeichnen auch den häufigen **Sparrigen Schüppling** *(Pholiota squarrosa)* aus. Hut und Stiel sind mit fest angewachsenen, grob abstehenden Schuppen dicht besetzt. Seine Sporen sind, wie bei allen Schüpplingen, braun gefärbt. Er kann nach kurzem Überbrühen verzehrt werden. Alte Exemplare haben gelegentlich einen bitteren Beigeschmack.

Horngrauer Rübling

Collybia butyracea var. asema

Steckbrief: Hut 2–6 cm breit, horngrau oder hornbräunlich, bei Trockenheit konzentrisch ausblassend, dann zweifarbig, mit dunklerer Hutmitte, dünn fleischig, Huthaut speckig glänzend, kahl; Lamellen weiß, mäßig gedrängt, am Stiel angeheftet, oft ablösend und dadurch freie Lamellen vortäuschend; Stiel hornfarben, bald hohl, im unteren Teil längs riefig, wie aufgeblasen und mit watteartigem Myzel überzogen; Fleisch weißlich, elastisch, in Stielrinde dunkler, knorpelartige Konsistenz; Geruch und Geschmack angenehm pilzartig.

Saprobiont am Boden; gesellig im Laub- und Nadelwald; August – November (Dezember); überall häufig.

Speisewert: Essbar; guter Mischpilz, durch Häufigkeit und stetiges Auftreten dankbarer Sammlerpilz; nur Hüte verwenden, da die Stiele zähfleischig sind.

Verwechslung: Unter den Rüblingen gibt es keine ernsthaft giftigen Arten.

◀ Nah verwandt ist der essbare **Kastanienrote Rübling** *(Collybia butyracea* var. *butyracea)*. Er ist dunkler gefärbt und zeichnet sich durch einen mehr flockigen Stiel aus. Der lokal häufige Pilz erscheint vorwiegend im Nadelwald.

Der essbare, dünnstielige **Waldfreund-Rübling** *(Collybia dryophila)* ist in allen Wäldern zu Hause. ▶

◀ Der **Spindelige Rübling** *(Collybia fusipes)* ist eine größere Art, deren hohler, längsriefiger Stiel wurzelartig verlängert ist. Er ist ungenießbar.

Samtfuß-Rübling, Winterpilz

Flammulina velutipes

Steckbrief: Hut 1–5 cm breit, goldgelb bis gelbbräunlich, dünn fleischig, Huthaut kahl, etwas klebrig; Lamellen weiß bis blass gelblich, mäßig eng stehend, angeheftet; Stiel bräunlich bis schwarzbraun, gegen die Spitze oft gelblich aufhellend, gänzlich fein samtig; Fleisch weißlich-gelblich, im Stiel zunehmend braun; Geruch und Geschmack angenehm pilzartig.

Saprobiont, seltener Parasit an Holz; gesellig bis büschelig an totem Laubholz wie Weide, Pappel oder anderen Weichhölzern; in Wintermonaten, November – März; häufig.

Speisewert: Essbar und schmackhaft; dankbares Sammelobjekt der kalten Jahreszeit, die zähen Stiele werden verworfen. Dem beliebten, häufig kultivierten Pilz werden immun stärkende und krebshemmende Wirkung zugeschrieben.

Verwechslung: Winterliche Erscheinungszeit und braunsamtiger Stiel lassen den Samtfuß-Rübling sicher erkennen. Alle ähnlichen Arten zeichnen sich durch dunklere Lamellen sowie rost- bis violettbraunes Sporenpulver aus. Ihre Stiele sind nicht samtig.

◀ Der kleine, ungenießbare **Winter-Trompetenschnitzling** *(Tubaria furfuracea)* besiedelt zur selben Jahreszeit am Boden liegende Holzstückchen.

In milden Wintern kann ausnahmsweise der **Grünblättrige Schwefelkopf** *(Hypholoma fasciculare)* wachsen. Er schmeckt bitter und ist schwach giftig. ▶

◀ Der ähnlich aussehende **Geflecktblättriger Flämmling** *(Gymnopilus penetrans)* ist ungiftig, schmeckt aber bitter.

Feld-Schwindling, Nelken-Schwindling

Marasmius oreades

Steckbrief: Hut 1–4 cm breit, ledergelblich bis fleischocker, hygrophan, nicht schmierig, Rand bei feuchtem Wetter durchscheinend gerieft, trocken stark ausblassend, sehr dünn fleischig; Lamellen hell cremefarben, dicklich, schmal angeheftet; Stiel blass, auffallend zäh; Fleisch elastisch; Geruch und Geschmack unauffällig.
Die eingetrockneten Fruchtkörper können sich bei Regen wieder völlig entfalten, eine typische Eigenschaft der Schwindlinge.

Saprobiont am Boden; besonders auf Kulturwiesen, bildet oft Hexenringe; Mai – November; sehr häufig.

Speisewert: Essbar; guter Suppenpilz, lässt sich schnell trocknen; wegen der zähen Stiele nur Hüte verwenden.

Verwechslung: Auf die dicklichen, entfernt stehenden, blassen Lamellen ist besonders zu achten.

◀ Gleiche Standorte bevorzugt der weiße, giftige **Rinnigbereifte Trichterling** *(Clitocybe rivulosa)* (= **Feld-Trichterling**, *C. dealbata)*. Der weiße Hutreif trägt sich bald konzentrisch ab und hinterlässt ein typisches Muster. Der Pilz enthält das Nervengifte Muscarin (Symptome auf S. 70).

Harmlos ist eine Verwechslung mit dem häufigen **Halbkugeligen Ackerling** *(Agrocybe semiorbicularis)*, der sich durch bräunliche Lamellen und ranzigen Mehlgeschmack unterscheidet. ▶

◀ Ein guter Würzpilz ist der in Wäldern und Anlagen wachsende **Echte Knoblauch-Schwindling** *(Marasmius scorodonius)* oder Mousseron. Sein hervorragendes Knoblaucharoma bleibt auch nach dem Trocknen erhalten. Er besiedelt kleine, im Boden vergrabene Holzstückchen.

Austern-Seitling

Pleurotus ostreatus

Steckbrief: Hut 5–20 cm breit, stahlgrau, aschgrau oder graubraun, fleischig, Huthaut trocken und kahl; Lamellen weiß, mäßig eng stehend, etwas herablaufend, oft sogar deutlich in den Stiel übergehend und dann mit Querverbindungen; Stiel weiß, meist kurz und seitlich sitzend, selten zentral (nur wenn auf waagerechtem Substrat wachsend), Basis filzig; Fleisch weiß; Geruch und Geschmack angenehm pilzartig.

Parasit und Saprobiont an Holz; vorwiegend an Rotbuche, Pappel und Weide, seltener Nadelholz; durch büscheliges, seitliches Wachstum an Austernbänke erinnernd; Oktober – Dezember, seltener noch Februar – April; häufig.

Speisewert: Wohlschmeckender, ergiebiger Speisepilz der kalten Jahreszeit; beliebter Zuchtpilz; Fruchtkörper halten sich lange, ohne zu faulen; zähe Stiele können getrocknet werden.

Verwechslung: Die Art hat keine giftigen Doppelgänger.

Der sehr ähnliche, essbare **Rillstielige Seitling** *(Pleurotus cornucopiae)* erscheint in Auwäldern bereits im Frühsommer. Seine Lamellen laufen besonders weit am Stiel herab und das Fleisch riecht schwach mehlig.

Durch graufilzigen Hut und zarten Randschleier unterscheidet sich der **Berindete Seitling** *(Pleurotus dryinus)*. Sein zähes Fleisch gilbt im Alter.

Der **Gelbstielige Muschelseitling** *(Sarcomyxa serotina)* leistet dem Austern-Seitling gern Gesellschaft. Sein stummelartiger Stiel ist gelblich gefärbt und unter der Huthaut sitzt eine dünne Gallertschicht.

Frost-Schneckling

Hygrophorus hypothejus

Steckbrief: Hut 1–6 cm breit, dunkel gelbbraun bis olivgrau, gelblich entfärbend, Mitte jung gebuckelt, dann leicht vertieft, Huthaut schmierig bis schleimig; Lamellen zart gelblich, selten farblos, etwas entfernt, kurz herablaufend; Stiel blass gelblich, zuspitzend, schleimig; Fleisch hell gelblich, weichlich; Geruch und Geschmack unauffällig, manchmal schwach obstig.

Mykorrhizapilz; im flechten- und moosreichen Kiefernwald; sehr späte Erscheinungszeit; Oktober – Dezember; lokal häufig.

Speisewert: Essbar, wohlschmeckend; willkommener Sammlerpilz der späten Jahreszeit. Der Oberflächenschleim kann in größerer Menge zum Problem werden, da das Abziehen der Huthaut mühsam ist. Er trägt sich im Alter ab.

Verwechslung: Unter den Schnecklingen ist kein Giftpilz bekannt.

◀ Der kräftige **Rußbraune Schneckling** *(Hygrophorus camarophyllus)* erreicht eine Hutgröße von über 10 cm. Er wächst an ähnlichen Standorten wie der Olivbraune Schneckling, ist aber seltener. Die Oberflächen von Hut und Stiel sind nicht schleimig.

In feuchten Fichtenwäldern erscheint von Sommer bis Herbst der **Olivbraune Schneckling** *(Hygrophorus olivaceoalbus)*. Seine dicklichen Lamellen sind rein weiß. Der zäh fleischige Stiel kann völlig weiß aber auch durch dunklen Schleim unregelmäßig gemustert sein (anderer Name: Natternstieliger Schneckling). ▼

Mehl-Räsling

Clitopilus prunulus

Steckbrief: Hut 3–8(10) cm breit, kalkweiß bis grauweißlich, Huthaut kahl, trocken bis schwach klebrig; Lamellen weißlich, erst bei Reife fleischrosa, eng stehend, herablaufend; Stiel weißlich; Fleisch weiß; Geruch und Geschmack deutlich mehlartig, mild, in einer seltenen Varietät auch bitterlich.
Im Zweifel ist auf das fleischrosa gefärbte Sporenpulver zu achten.

Saprobiont am Boden; im Laub- und Nadelwald; ohne besondere Bodenansprüche, gesellig zwischen Moosen erscheinend; Juli – Oktober; häufig.

Speisewert: Essbar und wohlschmeckend, wenn nicht bitter; die Mehlkomponente verschwindet bei der Zubereitung.

Verwechslung: Junge Mehl-Räslinge mit noch weißen Lamellen können leicht mit giftigen Trichterlingen verwechselt werden. Sie enthalten das Nervengift Muscarin (Symptome auf S. 70).

◀ Der giftige **Bleiweiße Trichterling** *(Clitocybe phyllophila)* riecht nicht nach Mehl. Seine Huthaut ist von weißem Reif bedeckt.

Blasse Formen des giftigen **Ranzigen Trichterlings** *(Clitocybe phaeophthalma)* besitzen dünnfleischige Hüte, deren Mitte nabelartig vertieft ist. Der Geruch ist unangenehm süßlich-ranzig. ▶

◀ Der essbare weiße **Elfenbein-Schneckling** *(Hygrophorus eburneus)* zeichnet sich durch schleimigen Hut und Stiel aus. Seine dicklichen Lamellen stehen entfernt. Erfahrene Sammler erkennen die Art sofort an dem typischen Geruch, der an die Raupe des Weidenbohrers erinnert.

! Kahler Krempling, Empfindlicher Krempl. *Paxillus involutus*

Steckbrief: Hut 4–12 cm breit, gelbbräunlich bis zimtbraun, jung leicht gebuckelt, mit lange eingerolltem, gekerbt filzigem Rand, Huthaut trocken bis schwach klebrig; Lamellen cremegelblich bis ocker, auf Druck augenblicklich bräunend, gedrängt, herablaufend, in Stielnähe mit Querverbindungen; Stiel heller als der Hut, kahl; Fleisch blass, an der Luft bräunend; Geruch und Geschmack würzig pilzartig.

Mykorrhizapilz; wenig spezialisiert, im Laub- und Nadelwald, Parks oder Gärten zu finden; Juli – Oktober; häufig.

Giftwirkung: Der »Krempling« wurde früher nach Abkochen und scharfem Braten verzehrt. Heute wissen wir, dass wiederholter, reichlicher Genuss Blut- und Nierenschäden, bei organkranken Personen sogar den Tod zur Folge haben kann.

Verwechslung: Die wenigen Arten der Gattung sind leicht kenntlich.

◀ Der ähnliche **Erlen-Krempling** *(Paxillus rubicundulus)* hat sich auf die Symbiose mit Schwarzerlen spezialisiert. Man findet ihn an feuchteren Orten wie Bachufern, Teichrändern oder in Auwäldern. Über seine Inhaltsstoffe ist wenig bekannt.

Der größere **Samtfuß-Krempling** *(Paxillus atrotomentosus)* ist ungenießbar. Hut und Stiel des an morschen Nadelholzstümpfen erscheinenden, häufigen Pilzes sind auffallend braunsamtig. Das zähe, im Alter bittere Fleisch ist gelblich gefärbt. Der Pilz enthält Farbstoffe, die hobbymäßig zum Färben von Wolle verwendet werden. ▼

Reifpilz, Zigeuner, Runzel-Schüppling

Rozites caperatus

Steckbrief: Hut 5–10 cm breit, strohgelb bis ockerbräunlich, mit reifartigem, vergänglichem, blass graulila gefärbtem Überzug, Huthaut trocken, oft grubig bis runzelig, beim Aufschirmen radial einreißend; Lamellen hell beige, dann rostocker, eng stehend, Schneide fein gekerbt, breit angewachsen; Stiel mit schmalem, anliegendem, oberseits gerieftem Ring; Fleisch weißlich, in Stielspitze hell lila; Geruch und Geschmack unauffällig pilzartig.

Mykorrhizapilz; im Nadelwald, unter Kiefern, gern zwischen Heidekraut; auf sauren Böden; August – Oktober; häufig.

Speisewert: Essbar und wohlschmeckend; bei entsprechender Witterung leider oft madig.

Verwechslung: Der violettliche Hutreif und der helle, eng anliegende Stielring machen den Reifpilz gut kenntlich. Einige Schleierlinge oder größere, giftige Risspilze können ähnlich sein.

◀ Der giftige, ringlose **Fliederweiße Risspilz** *(Inocybe sambucina)* kann alten Exemplaren des Reifpilzes ähneln. Er enthält das Nervengift Muscarin (vgl. Seite 70).

Der essbare **Glimmer-Schüppling** *(Phaeolepiota aurea)* ist an nährstoffreichen Standorten zu finden, etwa auf Wiesen oder zwischen Brennnesseln. Er unterscheidet sich durch einen körnigen Hutbelag und abstehenden Stielring. ▶

◀ Eine Holz bewohnende Art mit ähnlichem Habitus ist der **Beringte Flämmling** *(Gymnopilus spectabilis)*. Der bittere Geschmack macht ihn ungenießbar.

Spitzgebuckelter Raukopf

Cortinarius rubellus (= C. speciosissimus)

Steckbrief: Hut 3–8 cm breit, zimt- bis orangebräunlich oder fuchsig, dünn fleischig, mehr oder weniger spitz gebuckelt, Huthaut trocken, fein filzig-faserig; Lamellen rostbraun, relativ weit stehend, ausgebuchtet angewachsen; Stiel wie der Hut gefärbt, durch goldgelbe, in schrägem Licht gut sichtbare Velumzonen genattert, bald hohl werdend; Fleisch gelblich-orange bis safranfarben; Geruch schwach rettichartig.

Mykorrhizapilz; einzeln oder gesellig in feuchten Nadelwäldern unter Fichten, gern zwischen Torfmoosen; auf sauren Böden; August – Oktober; lokal häufig.

Giftwirkung: Tödlich giftig; enthält Orellanin. Das Gift zerstört Leber und Nieren. Besondere Gefahr besteht durch lange Latenzzeit von ca. 2–14 Tagen, beginnend mit Übelkeit, Erbrechen, Durchfall und Bauchkrämpfen.

Verwechslung: Einige der farbenfrohen Rauköpfe, einer Untergattung der Schleierlinge, gehören zu den giftigsten Pilzen. Auch alle ähnlich aussehenden Verwandten sollten gemieden werden.

◀ Im tödlich giftigen, seltenen, Laubwald bewohnenden **Orangefuchsigen Raukopf** *(Cortinarius orellanus)* wurden die nach ihm benannten »Orellanine« zuerst entdeckt. Der Pilz besitzt einen ungenatterten, gelblichen Stiel.

Der zur Untergattung der Schleimköpfe gehörende **Dottergelbe Klumpfuß** *(Cortinarius vitellinus)* wächst im Nadelwald auf Kalkböden und steht zumindest in dem Verdacht, Orellanine zu enthalten. Der Sammler meide daher alle Arten, die den hier Abgebildeten ähneln. ▶

◀ Unter Birken wächst der essbare **Geschmückte Gürtelfuß** *(Cortinarius armillatus)*, dessen Stiel auffallend rote Gürtelzonen aufweist.

Heide-Schleimfuß, Brotpilz

Cortinarius mucosus

Steckbrief: Hut 3–8 cm breit, rot- bis orangebraun, Rand goldgelb aufhellend; Huthaut schleimig, daher bei Trockenheit mit Humusteilchen beklebt; Lamellen hellbeige, bei Reife rostbraun, eng stehend, ausgebuchtet; Stiel weiß, unterhalb der angedeuteten, durch ausfallende Sporen braun gefärbten Ringzone schleimig; Fleisch weiß, in Stielbasis bräunend; Geruch und Geschmack unauffällig pilzig.

Mykorrhizapilz; Charakterpilz des sandigen Kiefernwaldes; August – Oktober; lokal häufig, in guten Jahren Massenpilz.

Speisewert: Essbar, wohlschmeckend; für Misch- und Sologerichte besonders geeignet. Die schleimige Huthaut sollte abgezogen werden.

Verwechslung: Unter den Schleimfüßen (Schleierlinge mit schleimigem Hut und Stiel) sind keine Giftpilze bekannt. Einige sind wegen ihres bitteren Geschmacks ungenießbar.

◀ Im sauren Fichtenwald wächst der ähnliche, essbare **Blaustiel-Schleimfuß** *(Cortinarius muscigenus)*, dessen Stiel mit bläulichem Schleim überzogen ist. Wir finden ihn besonders in feuchten Biotopen.

Der **Natternstielige Schleimfuß** *(Cortinarius trivialis)* fällt durch seinen mit feinen Schleimbändern verzierten Stiel auf. Dieser seltenere Bewohner des Laubwaldes wird in vielen Pilzbüchern als ungenießbar bezeichnet, schmeckt aber mild. ▶

◀ Einen sehr bitteren Geschmack besitzt der kleinere **Bitterste Schleimfuß** *(Cortinarius vibratilis)*. Er ähnelt einer kleinen Ausgabe des Heide-Schleimfußes, ist aber eher im Fichtenwald zu finden und tritt am Standort nie in großen Mengen auf.

Ziegelroter Risspilz, Mai-Risspilz

Inocybe erubescens (= I. patouillardii)

Steckbrief: Hut 3–8(12) cm breit, jung weißlich, dann strohfarben, besonders bei Trockenheit ziegelrot anlaufend; Huthaut trocken, beim Aufschirmen radial einreißend; Lamellen blass, dann schmutzig erd- bis olivbräunlich, eng stehend, gerade bis ausgebuchtet angewachsen; Stiel heller als der Hut, schlank, längsfaserig; Fleisch weißlich, rötend; Geruch jung obstartig, dann widerlich spermatisch.

Saprobiont am Boden; Laub- und Nadelwälder, Parks und Gärten, auch grasige Standorte; Mai – Juli; relativ häufig.

Giftwirkung: Stark giftig, enthält das Nervengift Muscarin in größeren Mengen; Latenzzeit 1/4 – 4 Stunden; relativ bald nach dem Verzehr stellen sich Schweißausbrüche, Sehstörungen sowie Übelkeit mit Erbrechen ein, nachfolgend auch Magen-Darm-Koliken. Beim Verzehr größerer Mengen sind Todesfälle möglich.

Verwechslung: Viele Risspilze sind durch radial einreißende Hüte gekennzeichnet und das Sporenpulver ist braun. Die meisten Arten der umfangreichen Gattung enthalten das Nervengift Muscarin.

◀ Junge Exemplare des Ziegelroten Risspilzes lassen oft die rötlichen Farbtöne vermissen.

Der häufige **Kegelige Risspilz** *(Inocybe rimosa)* ist ebenso giftig und wächst bis zum Herbst in Laub- und Nadelwäldern. Sein Fleisch rötet nicht. ▶

◀ Der große, giftige **Fliederweiße Risspilz** *(Inocybe sambucina)* kann eine gewisse Ähnlichkeit mit älteren Exemplaren des essbaren Reifpilzes (S. 64) haben, besitzt aber keinen Stielring.

Rotbrauner Riesen-Träuschling, Kultur-Träuschling *Stropharia rugosoannulata*

Steckbrief: Hut 5–20 cm breit, kastanien- oder fahlbraun, seltener auch gelblich, Huthaut nahezu trocken, oft felderig aufbrechend; Lamellen rauchgrau, dann grauviolett, zuletzt violettschwarz, eng stehend, breit angewachsen; Stiel blass, mit sternförmig gezähntem, oberseits gerieftem Ring; Fleisch weiß; Geruch nach zerdrücktem Gras; Geschmack nach Rettich oder rohen Kartoffeln.

Saprobiont am Boden; Kulturfolger in Gärten und Parks, gern auf verrottenden Pflanzenabfällen, Häcksel oder Rindenmulch; Juni – Oktober; zerstreut bis ortshäufig.

Speisewert: Essbar; kann bei ungenügender Erhitzung Verdauungsstörungen hervorrufen; beliebter Zuchtpilz, der auf beimpften Strohballen gut gedeiht (Handelsname: Braunkappe).

Verwechslung: Der Rotbraune Riesen-Träuschling wird oft für einen Champignon gehalten, weicht aber durch gezackten Ring und violettliche, angewachsene Lamellen ab.

◀ Ein häufiger Bewohner des Laub- und Nadelwaldes ist der **Grünspan-Träuschling** *(Stropharia aeruginosa)*. Er ist essbar, doch sollte die schleimige Huthaut abgezogen werden.

In Gebirgsfichtenwäldern können wir dem giftverdächtigen, selteneren **Üppigen Träuschling** *(Stropharia hornemannii)* begegnen, der totes Nadelholz besiedelt. Er besitzt einen schleimigen, helleren Hut, während der Stiel unterhalb des vergänglichen Ringes mit abstehenden Schüppchen besetzt ist. ▼

Stockschwämmchen

Kuehneromyces mutabilis

Steckbrief: Hut 2–6 cm breit, gelblich-bräunlich, je nach Feuchtigkeitszustand oft zweifarbig, mit hellerer Mitte, Huthaut trocken, kahl oder mit feinen Flöckchen bedeckt; Lamellen honigfarben, beim Reifen nachdunkelnd, eng stehend, breit angewachsen; Stiel gelblich-bräunlich, unterhalb des häutigen Ringes geschuppt; Fleisch blass, im unteren Stielbereich zunehmend bräunlich; Geruch und Geschmack würzig-pilzartig.

Saprobiont an Holz; vorwiegend an morschen Stümpfen oder Stämmen von Laub-, selten auch Nadelholz; gesellig bis büschelig wachsend; Mai – November; sehr häufig.

Speisewert: Essbar und wohlschmeckend; als Suppenpilz geeignet; die zähen Stiele finden keine Verwendung.

Verwechslung: Auf büscheliges Wachstum an Laubholz sowie beringten, schuppigen Stiel ist zu achten.

Ähnliches Wachstum hat der essbare **Wässrige Saumpilz** *(Psathyrella piluliformis)*, der wegen seines hellen Stieles auch als **Weißstieliges Stockschwämmchen** bezeichnet wird. Anstelle eines Stielringes befinden sich saumartige Velumreste am Hutrand.

Der sehr giftige **Nadelholz-Häubling** *(Galerina marginata)* kann dem Stockschwämmchen ähneln. Der vorwiegend an Nadelholz auftretende Doppelgänger riecht gerieben schwach mehlartig. Sein Stiel ist unterhalb des schmalen Ringes nicht schuppig, sondern überfasert. Ein Verzehr größerer Mengen kann tödliche Folgen haben, da er Knollenblätterpilzgifte enthält (Amanitin siehe S. 28).

Der **Geflecktblättrige Flämmling** *(Gymnopilus penetrans)* ist wegen seiner Bitterkeit ungenießbar.

Lamellenpilze

Rauchblättriger Schwefelkopf

Hypholoma capnoides

Steckbrief: Hut 2–6 cm breit, grünlichgelb bis blassocker, Huthaut trocken, meist kahl, Rand gelegentlich mit dünnem Velumsaum; Lamellen zart rauchgrau, reif nachdunkelnd, doch nie mit grünlichen Tönen, eng stehend, gerade angewachsen; Stiel gelblichweiß, schwach überfasert; Fleisch weißlich, zur Stielbasis bräunlich; Geruch etwas streng; Geschmack mild.

Saprobiont an Holz; büschelig an Nadelholz wachsend, besonders Kiefer oder Fichte; (März – April) und September – Dezember; relativ häufig.

Speisewert: Essbar; guter, ergiebiger Mischpilz, der strenge Geruch vergeht beim Zubereiten; die zäh fleischigen Stiele werden entfernt oder nicht mitgesammelt.

Verwechslung: Um sicher zu gehen, nicht einen der bitter schmeckenden Doppelgänger vor sich zu haben, ist eine winzige Kostprobe des Frischpilzes zu empfehlen. Sie sollte aber nicht verschluckt werden.

◀ Der sehr bittere, täuschend ähnliche **Grünblättrige Schwefelkopf** *(Hypholoma fasciculare)* unterscheidet sich durch gelb- bis olivgrünliche Lamellen. Der schwach giftige Pilz ist sehr häufig und fast ganzjährig an Laub- und Nadelholzstümpfen zu finden.

Die Lamellen des **Grünblättrigen Schwefelkopfes** sind gelegentlich steril. Sie sind leuchtend gelb gefärbt. ▶

◀ Der kräftige **Ziegelrote Schwefelkopf** *(Hypholoma sublateritium)* zeichnet sich durch farbenfreudige, rötliche Hüte, üppigeren Hutbelag und Wachstum an Laubholz aus. Der giftverdächtige Pilz kann deutlich bitter, aber auch fast mild schmecken.

Schopf-Tintling

Coprinus comatus

Steckbrief: Hut 5–12 cm hoch, jung weiß, lange walzenförmig, schuppig, beim Aufschirmen vom Rande her schwärzend und tintenartig auflösend; Lamellen erst weiß, dann rosa, schließlich schwarz, dicht gedrängt, aufsteigend angeheftet; Stiel weiß, röhrig, mit schmalem, tief sitzendem, bald ablösendem Ring, wurzelnd; Fleisch weiß, mürbe; Geruch und Geschmack würzig pilzartig.

Saprobiont am Boden; gedüngte Wiesen, Wald- und Wegränder, Parks und Gärten; Mai – November; häufig.

Speisewert: Essbar und wohlschmeckend; sollte nur völlig geschlossen und reinweiß Verwendung finden; ist wie der Parasol zum Panieren geeignet.

Verwechslung: Die Gattung der Tintlinge enthält keine gefährlichen Giftpilze.

◀ Die tintenartig zerfließenden Hüte des Schopf-Tintlings sind ungenießbar.

Gleiche Größe kann der **Graue Tintling** (auch **Falten-** oder **Knoten-Tintling**) *(Coprinus atramentarius)* erreichen. Sein Inhaltsstoff Coprin bewirkt bei Alkoholgenuss vor oder nach der Mahlzeit die so genannte Antabuswirkung (Gesichtsröte, Hitzegefühl, Schwindel, in schweren Fällen auch Atemnot). Die Symptome verschwinden bald, treten jedoch bei erneutem Alkoholkonsum wieder auf. Der Doppelgänger besiedelt ähnliche Standorte wie der Schopf-Tintling, hat aber einen meist kahlen Hut und ist ringlos. Statt dessen ist der Stiel im unteren Teil knotenartig verdickt. ▶

◀ Der seltene, ungenießbare **Specht-Tintling** *(Coprinus picaceus)* wächst im Kalkbuchenwald. Der weiße aufbrechende Hutbelag über dunklem Grund erinnert an ein Spechtgefieder.

Großer Gelbfuß, Kuhmaul

Gomphidius glutinosus

Steckbrief: Hut 4–12 cm breit, stahlgrau bis graubraun, später auch ohne Grauton, Huthaut schleimig; Lamellen jung weiß, beim Reifen grau bis grauschwärzlich, dicklich, relativ weit stehend, teils gegabelt, weit herablaufend; Stiel weiß, Basis chromgelb, schleimig; Fleisch weiß, in Stielbasis leuchtend chromgelb; Geruch und Geschmack unauffällig pilzartig.
Der bei Jungpilzen Hut und Stiel verbindende Schleim erinnert an das Maul einer Kuh (Name!).

Mykorrhizapilz; im Nadelwald unter Fichten; besonders in den Mittelgebirgen; Juli – Oktober; lokal häufig.

Speisewert: Essbar, zart fleischig und ergiebig; die schleimige Huthaut sollte abgezogen werden.

Verwechslung: Giftige Doppelgänger sind nicht vorhanden. Alle erwähnten Arten sind gute Speisepilze.

◄ Der **Gefleckte Gelbfuß** *(Gomphidius maculatus)* ist zierlicher. Sein bräunlicher Hut ist im Alter mit dunklen Flecken besetzt.

Der kleine **Rosenrote Gelbfuß** *(Gomphidius roseus)* fällt durch seinen rötlichen Hut auf. Er ist im Nadelwald oft in Gesellschaft des Kuh-Röhrlings anzutreffen. ►

◄ Ein Kiefernbegleiter ist der schlanke **Kupferrote Gelbfuß** *(Gomphidius rutilus)*. Sein kupferbräunlicher, spitzbuckliger Hut ist weit weniger schleimig, als bei den anderen. Zusammen mit seinem unter Fichten vorkommenden Verwandten, dem Filzigen Gelbfuß *(G. helveticus)*, wurde er früher in der Gattung Chroogomphus untergebracht.

Mohrenkopf, Schornsteinfeger, Essenkehrer

Lactarius lignyotus

Steckbrief: Hut 2–6 cm breit, braun bis schwarzbraun, Mitte mit kleinem Spitzbuckel, Oberfläche matt, trocken, mit Grübchen oder Runzeln; Lamellen weiß bis hell cremefarben, eng stehend; Stiel wie Hut gefärbt oder blasser, matt, Spitze typisch gerunzelt; Milch weiß, auf dem angeschnittenen Fleisch langsam lachsrosa anlaufend; Geschmack mild.

Mykorrhizapilz; im Nadel- und Mischwald, besonders in Mittelgebirgslagen; unter Fichten und Tannen, auf sauren, moosreichen Böden; August – Oktober; lokal häufig.

Speisewert: Essbar, wohlschmeckend; festfleischiger, gut erkennbarer, beliebter Sammlerpilz.

Verwechslung: Alle Doppelgänger schmecken lediglich scharf oder bitter, sind aber kaum gefährlich. Die Milchlinge dieser Gruppe besitzen weiße Milch, die sich erst in Verbindung mit dem angeschnittenen Fleisch allmählich rötlich färbt.

◀ Dem **Pechschwarzen Milchling** *(Lactarius picinus)* fehlt der spitze Hutbuckel. Er ist auch auf kalkhaltigen Nadelwaldböden zu finden. Der Geschmack zeigt nach kurzem Kauen eine mäßige Schärfe.

Der **Flügelsportige Milchling** *(Lactarius pterosporus)* ist ein sehr scharf schmeckender Begleiter der Hainbuche, dessen Hut meist hellere Brauntöne aufweist. ▼

Echter Reizker, Edel-Reizker

Lactarius deliciosus

Steckbrief: Hut 4–10 cm breit, fleischrötlich bis fahl orange, mit dunkleren Ringzonen (gezont) oder kreisförmig angeordneten Flecken, Mitte meist vertieft, Huthaut trocken; Lamellen gelblich orange, eng stehend; Stiel mit Hutfarbe, mit rötlichen, vertieften Flecken (grubig), bald ausgestopft-hohl; Milch karottenrot, beim Eintrocknen lange so bleibend; Geschmack mild, mit bitterlichem Nachgeschmack.

Mykorrhizapilz; im Nadelwald unter Kiefern wachsend; besonders auf Sand- oder Kalkböden; August – Oktober; ortshäufig.

Speisewert: Ausgezeichneter Speisepilz; besonders zum Panieren und Ausbacken geeignet; die bitterliche Komponente vergeht beim Zubereiten.

Verwechslung: Alle rotmilchenden Reizker Mitteleuropas sind essbar. Der Echte Reizker ist einer der besten.

◀ Bei dem häufigen **Fichten-Reizker** *(Lactarius deterrimus)* färbt sich die hellrote Milch auf dem angeschnittenen Fleisch nach einigen Minuten weinrot, später grünlich. Entsprechende Färbungen weisen ältere Hüte auf. Er ist ein Fichtenbegleiter.

Der unter Lärchen vorkommende **Lärchen-Milchling** *(Lactarius porninsis)* unterscheidet sich durch weiße Milch. Er schmeckt bitterlich und gilt als ungenießbar. ▶

◀ Einen sehr scharfen Geschmack zeichnet den **Birken-Reizker** *(Lactarius torminosus)* aus. Die in der weißen Milch enthaltenen scharfen Harze bewirken Übelkeit und Erbrechen. Nur durch Wässern und Abkochen kann die Art genießbar gemacht werden.

Brätling

Lactarius volemus

Steckbrief: Hut 5–15 cm breit, leuchtend gelborange bis orangebraun, seltener kastanienbraun, Huthaut matt, trocken, Oberfläche oft gerunzelt oder grubig, doch nicht gezont; Lamellen gelblich bis gelborange, eng stehend; Stiel kompakt, etwas heller als der Hut; Milch weiß, reichlich hervorquellend, beim Eintrocknen bräunend, mild; Fleisch sehr fest und schwer; Geruch nach Heringslake.

Mykorrhizapilz; im Laub- und Nadelwald, unter Fichten, Kiefern, Buchen oder Eichen; auf Kalkböden; Juli – Oktober; lokal häufig, doch allgemein seltener werdend.

Speisewert: Essbar; bei richtiger Zubereitung (dünn schneiden und scharf braten) ausgezeichnet. Der an Fisch oder Krebsfleisch erinnernde Geruch vergeht beim Zubereiten.

Verwechslung: Größe, Aussehen und Geruch kennzeichnen die Art nahezu unverwechselbar.

Wie eine kleine Ausgabe des Brätlings wirkt der **Milde Milchling** *(Lactarius aurantiacus)*. Der lange auch als *L. mitissimus* angesprochene, weiß milchende, essbare Pilz kann scharenweise in Fichtenwäldern auf kalkhaltigem Untergrund erscheinen.

Der mild schmeckende **Bruch-Reizker** *(Lactarius helvus)* bevorzugt saure, feuchte Nadelwaldstandorte. Seine spärliche, wasserklare Milch fällt kaum auf. Die wegen ihres Geruchs auch als **Maggipilz** bezeichnete Art ist schwach giftig und kann höchstens getrocknet als Gewürzpilz verwendet werden.

Der überall häufige **Rotbraune Milchling** *(Lactarius rufus)* hat weiße Milch und schmeckt scharf. Die Schärfe geht durch einmaliges Abkochen verloren.

Speise-Täubling

Russula vesca

Steckbrief: Hut 5–10 cm breit, fleischrötlich, rosabräunlich oder fleischbraun, Huthaut matt, trocken bis schwach klebrig, den äußersten Rand nie ganz erreichend (!), weshalb stets ein schmaler Streifen des weißen Hutfleisches zu sehen ist; Lamellen weiß, alt rostfleckig, auf Druck splitternd, eng stehend; Stiel weiß, mit zuspitzender Basis; Geruch neutral; Geschmack mild.

Mykorrhizapilz; unter Laub- und Nadelbäumen; in bodensauren Rotbuchen-Fichten-Mischwäldern, auch bei Eichen, Kiefern oder Birken; Juni – Oktober; häufig.

Speisewert: Essbar; guter, relativ festfleischiger Mischpilz, falls nicht madig.

Verwechslung: Klassische Doppelgänger sind die sehr scharf schmeckenden, meist rothütigen Spei-Täublinge. Die enthaltenen scharfen Harze können Übelkeit und Erbrechen hervorrufen.

◀ Den geriebenen Lamellen des **Kiefern-Spei-Täublings** *(Russula emetica* var. *silvestris)* entströmt, wie bei den meisten scharfen Täublingen, ein feiner obstartiger Geruch. Der Genuss größerer Mengen bewirkt Übelkeit und Erbrechen.

Der **Zedernholz-Täubling** *(Russula badia)* ist dafür bekannt, dass er erst mit einer gewissen Verzögerung von bis zu einer Minute scharf schmeckt. ▶

◀ Ähnliche Farben kann auch der milde, essbare **Herings-Täubling** *(Russula xerampelina)* aufweisen. Sein typischer, bei der Zubereitung vergehender Fischgeruch entwickelt sich oft erst einige Stunden nach dem Sammeln.

Frauen-Täubling

Russula cyanoxantha

Steckbrief: Hut 5–15 cm breit, violett, purpurviolett, rosalila oder grünlich, oft in Mischfarben, stellenweise ocker entfärbend, Huthaut bei Regenwetter klebrig; Lamellen weiß, eng stehend und mit kürzeren untermischt, im Gegensatz zu anderen Täublingen auf Druck nicht splitternd (!), sondern elastisch; Stiel weiß, selten rötlichlila überhaucht; Geruch unauffällig; Geschmack mild.

Mykorrhizapilz; im Laub- und Mischwald, unter Eichen, Rotbuchen, seltener Fichten; auf kalkhaltigen Böden; Juli – Oktober; lokal häufig.

Speisewert: Essbar, gehört zu den besten, größeren Speisetäublingen; ergiebiger, guter Mischpilz.

Verwechslung: Durch Größe, Farbe und Elastizität der Lamellen ist die Art auch für Anfänger leicht zu erkennen.

Der essbare, kleinere **Papagei-Täubling** *(Russula ionochlora)* besitzt ähnliche Farben. Seine Huthaut ist jedoch fein bereift.

Der mild schmeckende **Grasgrüne Täubling** *(Russula aeruginea)* wächst unter Birken oder Fichten. Er ist nur bedingt als Mischpilz brauchbar, da der Verzehr größerer Mengen schon zu Verdauungsproblemen geführt haben.

Ein guter Speisepilz ist der **Grüngefelderte Täubling** *(Russula virescens)*, dessen spangrüne Huthaut beim Aufschirmen kleinfelderig aufbricht. Er ist im Laub- und Nadelwald auf fast allen Bodenarten zu finden, wird aber leider immer seltener.

Steinpilz, Fichten-Steinpilz

Boletus edulis

Steckbrief: Hut 5–25 cm breit, in diversen Brauntönen, selten fast weiß, Huthaut erst etwas klebrig, bald trocken; Röhren jung weiß, dann gelblich bis olivgrün; Stiel kompakt, heller als der Hut, zumindest im oberen Teil mit feiner, weißer Netzzeichnung; Fleisch weiß, im Anschnitt unveränderlich; Geruch und Geschmack aromatisch pilzartig.

Mykorrhizapilz; in Nadel- und Mischwäldern, unter Fichten, Kiefern, Birken; ohne spezielle Bodenansprüche; Juli – November; in guten Jahren vielenorts noch häufig.

Speisewert: Wohl der beliebteste und schmackhafteste Wildpilz überhaupt; vielseitig verwendbar, auch zum Trocknen oder Einfrieren geeignet. Rohverzehr kann auch hier zu Magen- und Darmbeschwerden führen (!).

Verwechslung: Im Gebirgskiefernwald wächst der rotbraunhütige Kiefern-Steinpilz *(Boletus pinophilus)*, während eine dunkelhütige, wärmeliebende Art als Schwarzhütiger Steinpilz *(B. aereus)* abgetrennt wird.

◄ Der **Sommer-Steinpilz** *(Boletus reticulatus)* ist ein überall häufiger Eichenbegleiter, dessen Stielnetz stärker ausgeprägt ist.

Der ungenießbare, bittere **Gallen-Röhrling** *(Tylopilus felleus)* ist besonders ähnlich. Seine reifenden Röhren sind fleischrosa gefärbt. Bei jungen Exemplaren sind sie völlig weiß. Daher kann oft nur eine Geschmacksprobe Klarheit schaffen. ►

◄ Der giftige **Satans-Röhrling** *(Boletus satanas)* ist eine der wenigen Gefahrenquellen beim Sammeln von Röhrlingen.

Flockenstieliger Hexen-Röhrling, Schusterpilz

Boletus erythropus (= B. luridiformis)

Steckbrief: Hut 5–20 cm breit, mittel- bis schwarzbraun, Huthaut trocken, fein samtig; Röhren von Jugend an dunkelrot, auf Druck stark blauend; Stiel auf gelblichem Grund fein rotflockig (ohne Netzmuster), Basis mit olivgelbem, striegeligem Myzelfilz; Fleisch gelblich, im Anschnitt augenblicklich tintenblau anlaufend, fest und schwer; Geruch und Geschmack pilzartig.

Mykorrhizapilz; im Laub- und Nadelwald, besonders unter Rotbuche, Eiche oder Fichte; Kalkböden meidend; Juni – Oktober; relativ häufig.

Speisewert: Essbar; guter, ergiebiger, festfleischiger Sammlerpilz. Beim Zubereiten geht die Blaufärbung zurück und weicht einem appetitlichen Hellgelb.

Verwechslung: Giftige Röhrlinge sind besonders unter den hellhütigen Arten zu finden.

◀ Die intensive Blaufärbung des Flockenstieligen Hexen-Röhrlings ist kein Gefahrenzeichen.

Doppelgänger ist der essbare **Netzstielige Hexen-Röhrling** *(Boletus luridus)*, dessen Stiel ein rötliches Netzmuster aufweist. Stark blauendes Fleisch und rote Röhrenmündungen sind gemeinsame Merkmale. Vor einem Verzehr dieses Pilzes in Verbindung mit Alkohol wird inzwischen nicht mehr gewarnt, da er den dafür verantwortlichen Stoff (Coprin) nicht enthält. ▶

◀ Der seltene, giftige **Satans-Röhrling** *(Boletus satanas)* besitzt einen weißlichen Hut und bevorzugt Kalkböden (siehe auch nächste Doppelseite).

!

Satans-Röhrling

Boletus satanas

Steckbrief: Hut 8–25 cm breit, kalkweiß, schmutzig weißlich, Huthaut trocken, glanzlos; Röhren von Jugend an blutrot, selten nur gelblich, auf Druck mehr oder weniger deutlich blauend; Stiel gänzlich karminrot oder auf blassem Grund rötlich zoniert, mit rötlicher Netzzeichnung; Fleisch weiß bis strohgelb, im Anschnitt schwach blauend; Geruch erst süßlich-fruchtig, bald schwach aasartig; Geschmack mild, nicht unangenehm.

Mykorrhizapilz; im Laubwald, unter Eichen oder Rotbuchen; nur auf Kalkböden; Juli – September (Oktober); wärmeliebend, bis auf nördliche Regionen weit verbreitet, doch überall selten.

Giftwirkung: Erzeugt selbst gekocht oder gebraten ausgiebige Brechdurchfälle, jedoch weder lebensbedrohend, noch bleibende Schäden hinterlassend; Latenzzeit 1/4–4 Stunden.

Verwechslung: Die Giftigkeit des Satans-Röhrlings ist der Grund dafür, dass Neulingen vom Sammeln rotporiger Röhrlinge abgeraten wird. Die essbaren, stärker blauenden Hexenröhrlinge besitzen nie weiße Hüte und sind viel häufiger anzutreffen.

◀ Der seltene, ungiftige **Purpur-Röhrling** *(Boletus rhodopurpureus)* kann leicht für einen Satans-Röhrling gehalten werden. Seine Rottöne sind intensiver und ältere Hüte nehmen eine weinrote Färbung an.

Häufiger ist der schwach giftige, hellhütige **Schönfuß-Röhrling** *(Boletus calopus)*, dessen Fleisch bitter schmeckt. Seine Röhren sind von Beginn an zitronengelb. Wir finden ihn in Mittelgebirgslagen auf sauren Böden. ▼

Maronen-Röhrling

Xerocomus badius

Steckbrief: Hut 3–10 cm breit, rehbräunlich bis dunkel kastanienbraun, Huthaut fast samtig, bei anhaltendem Regenwetter auch schmierig; Röhren weißlich-gelblich, reif zunehmend olivgrünlich, auf Druck blauend; Stiel bräunlich marmoriert, nie mit Netzzeichnung (!); Fleisch weißlich-gelblich, im Schnitt mäßig blauend; Geruch und Geschmack angenehm pilzartig.

Anmerkung: Bei bestimmten Wetterlagen, vor allem anhaltender Trockenheit, können Blauverfärbungen ausbleiben.

Mykorrhizapilz; im sauren Nadel- und Mischwald, unter Kiefern oder Fichten; meidet Kalkböden; August – November; häufig.

Speisewert: Schmackhafter Speisepilz; beliebter, leicht erkennbarer Ersatz für den Steinpilz, doch geschmacklich etwas derber; guter Brat- und Schmorpilz.

Verwechslung: Unter Beachtung der beschriebenen Merkmale ist ein Verwechseln mit giftigen Pilzen ausgeschlossen. Steinpilze haben immer ein Netzmuster am Stiel.

Das Fleisch des selteneren **Schwarzblauenden Röhrlings** *(Boletus pulverulentus)* blaut auffallend schnell und sehr intensiv.

Die häufige, mehr einzeln erscheinende **Ziegenlippe** *(Xerocomus subtomentosus)* unterscheidet sich durch olivbraunen, filzigen Hut und leuchtend gelbe Röhren. Ihr Aussehen macht sie zu einem typischen Vertreter der »Filzröhrlinge«.

Der sehr häufige **Rotfuß-Röhrling** *(Xerocomus chrysenteron)*, gehört ebenfalls zu den Filzröhrlingen. Sein Stiel ist oft auffallend rötlich überzogen.

Birkenpilz

Leccinum scabrum

Steckbrief: Hut 4–12 cm breit, reh- bis zimtbraun, in Varietäten auch schwarzbraun, cremefarben, silbergrau oder kreideweiß; Huthaut trocken, matt, alt leicht klebrig; Röhren schmutzig weiß, dann etwas nachdunkelnd, beim reifen Pilz polsterartig unter dem Hut hervorschauend; Stiel auf blassem Grund mit bräunlichen, schwärzlichen, selten farblosen Schüppchen besetzt, schlank; Fleisch weiß, im Längsschnitt meist unverändert oder nur schwach rötlich anlaufend; Geruch und Geschmack unauffällig pilzartig.

Mykorrhizapilz; in allen Waldformationen, Parks und Gärten; stets unter Birken; Juni – Oktober; häufig.

Speisewert: Essbar; Mischpilz mittlerer Güte; nur Jungpilze verwenden, da ältere Hüte schnell schwammig werden.

Verwechslung: Unter den leicht erkennbaren Raufußröhrlingen existieren keine giftigen Doppelgänger. Die Rotkappen unterscheiden sich durch ziegel- bis orangerötliche Hutfarben und eine am Rand saumartig überstehende Huthaut. Sie sind festfleischiger.

◀ Die Variante des Birkenpilzes mit schwarzbraunem Hut ist nicht selten.

Albinoide Formen des Birkenpilzes zeigen die extreme Variabilität der Hutfarben. ▶

◀ Schwärzendes Fleisch zeichnet den unter Hainbuchen wachsenden **Hainbuchen-Röhrling** *(Leccinum griseum)* aus. Sein bei Feuchtigkeit klebriger, matt glänzender Hut ist mit typischen Grübchen versehen.

Heide-Rotkappe

Leccinum versipelle (= L. testaceoscabrum)

Steckbrief: Hut 5–15(20) cm breit, gelborange bis ziegelrot, auch nur gelbbräunlich, Huthaut trocken, am Rande saumartig überstehend; Röhren weißlich, anfangs schmutzig graugelblich, dann weißlich aufhellend; Stiel auf weißem Grund dicht mit schwärzlichen Schüppchen besetzt; Fleisch weiß, im Schnitt allmählich schwärzend, in Stielbasis vorübergehend blaugrünlich; Geruch und Geschmack angenehm pilzartig.

Mykorrhizapilz; unter Birken, gern in Heidelandschaften mit Heidekraut und Blaubeere; saure, sandige Böden bevorzugend; Juni – Oktober; nur noch lokal häufig, allgemein rückgängig.

Speisewert: Wohlschmeckender Speisepilz; festfleischiger und aromatischer als der Birkenpilz. Die schwarzgraue Verfärbung des Fleisches vergeht beim Zubereiten.

Verwechslung: Da alle Raufußröhrlinge essbar sind, ist das Sammeln von Rotkappen auch für Neulinge ungefährlich. Die essbaren Birkenpilze (siehe vorige Doppelseite) sind mehr braunhütig. Ihre Huthaut steht nicht über.

◀ Die jungen Röhren der Heide-Rotkappe sind schmutzig graugelblich gefärbt.

Der junge Rotkappenhut ist typisch knopfförmig. ▶

Unter Zitterpappeln wächst die sehr ähnliche **Espen-Rotkappe** *(Leccinum rufum)*. Am jungen, sehr blassen Stiel färben sich die Schüppchen allmählich rötlich und das angeschnittene Fleisch rötet zuerst, bevor es die schiefergraue Farbe annimmt. Die junge Röhrenschicht ist außerdem heller. Ihr fehlt der schmutzig graugelbliche Farbton, welcher die Heide-Rotkappe auszeichnet. ▼

Butter-Röhrling

Suillus luteus

Steckbrief: Hut 4–12 cm breit, heller oder dunkler braun, mit wenig Rotanteil, Huthaut bei Regenwetter schleimig, trocken mit seidigem Glanz; Röhren hell sahnegelb bis goldgelb, nachdunkelnd; Stiel weißlich, stellenweise violettbräunlich, mit häutigem, aufsteigendem Ring, Stielspitze dunkel punktiert; Fleisch weißlich bis gelblich, relativ weich; Geruch und Geschmack unauffällig.

Mykorrhizapilz; im Nadel- und Mischwald, stets unter Kiefern; besonders auf nährstoffarmen Sandböden; August – November; lokal häufig.

Speisewert: Essbar, guter Mischpilz; sollte jung verwendet werden, da das Fleisch schnell schwammig wird. Die schleimige Huthaut wird abgezogen. In seltenen Fällen treten allergische Reaktionen nach dem Verzehr dieses Pilzes auf.

Verwechslung: Wenn auf den beringten Stiel geachtet wird, ist eine Verwechslung mit Giftpilzen und selbst mit ungenießbaren Arten ausgeschlossen.

◀ Ein schmieriger Röhrling mit schmal beringtem Stiel ist der unter Lärchen wachsende **Gold-Röhrling** *(Suillus grevillei)*. Seine Hutfarben variieren zwischen Goldgelb und Orangebraun.

Lärchenbegleiter ist auch der trockenhütige **Hohlfuß-Röhrling** *(Boletinus cavipes)*, der eher auf Kalkböden zu Hause ist. Filziger Hut, hohler, schmal beringter Stiel sowie weite, unregelmäßige Röhrenmündungen sind für die Art typisch. ▼

Sand-Röhrling

Suillus variegatus

Steckbrief: Hut 4–12 cm breit, zitronengelb bis olivocker, Huthaut trocken, erst bei längerem Regen leicht schmierig, feinkörnig oder fast filzig, später verkahlend; Röhren von Jugend an mit Olivton, daher dunkler als bei den meisten Verwandten, später rostoliv; Stiel gelblich, dunkler marmoriert; Fleisch durchgehend gelb, stellenweise schwach blauend; Geruch und Geschmack unauffällig.

Mykorrhizapilz; Kiefernbegleiter; auf sauren, feuchten wie trockenen Böden; Juli – November; häufig, lokal Massenpilz.

Speisewert: Essbar; neutraler Geschmack, daher gut als Mischpilz geeignet.

Verwechslung: Es existieren keine ähnlichen Giftpilze.

◀ Der **Kuh-Röhrling** *(Suillus bovinus)* erscheint oft mit dem Sand-Röhrling zusammen. Schmieriger, kuhrötlicher Hut und weitporige, hellere Röhren grenzen ihn gut ab. Wegen der gummiartigen Konsistenz seines Fleisches ist er nur ganz jung für die Küche brauchbar.

Der auf Kalkböden häufige **Körnchen-Röhrling** *(Suillus granulatus)* gehört zu den Kiefernbegleitern mit schmierigem Hut. Stielspitze und Röhren sind mit dunkel eintrocknenden Tröpfchen besetzt. ▶

◀ Der kleine **Pfeffer-Röhrling** *(Chalciporus piperatus)* ist an seinen relativ weiten, roströtlichen Röhren und der chromgelben Stielbasis zu erkennen. Wegen seines pfefferig scharfen Geschmacks findet er getrocknet als Gewürzpilz Verwendung.

Echter Pfifferling

Cantharellus cibarius

Steckbrief: Hut 2–6 cm breit, zitronen- bis dottergelb, auch beinahe weiß oder selbst mit lila Schüppchen (var. amethysteus), Huthaut trocken; Unterseite mit dicklichen, gegabelten Leisten, die am Stiel herablaufen; Fleisch weißlich-gelblich; Geruch fruchtig mirabellenartig; Geschmack leicht pfeffrig.

Mykorrhizapilz; im Laub- und Nadelwald; unter Fichten, Kiefern, Rotbuchen oder anderen Laubbäumen; Juni – Oktober; lokal Massenpilz, nahe Ballungsgebieten spärlich auftretend.

Speisewert: Essbar; mit typischem Wohlgeschmack, der ihn von allen anderen Pilzen unterscheidet. Das feste Pilzfleisch ist schwer verdaulich und weicht nach dem Trocknen kaum wieder auf. Eingefrorene Pfifferlinge können bitter werden. Daher möglichst frisch verwenden.

Verwechslung: Leistlinge gelten als sicher erkennbare Speisepilze.

Die blasse Varietät des Pfifferlings (var. ***pallens***) ist ebenso wohlschmeckend wie die Normalform.

Auf Pfifferlingssuche begegnet man häufig dem von weitem ähnlich aussehenden, essbaren **Rotgelben Stoppelpilz** *(Hydnum rufescens)*. Erst beim Umdrehen des Hutes erkennt man die feinen Stacheln.

Der giftige, Holz bewohnende **Ölbaumpilz** *(Omphalotus olearius)* kann eine gewisse Ähnlichkeit mit dem Pfifferling haben. Die mediterrane Art ist in Mitteleuropa selten.

Der **Falsche Pfifferling** *(Hygrophoropsis aurantiaca)* ist ein sehr häufiger, später erscheinender, harmloser Doppelgänger. Sein geruchloses, weichliches Fleisch ist nahezu geschmacklos. Als Mischpilz geeignet; vom Verzehr größerer Mengen wird jedoch abgeraten.

Herbsttrompete, Totentrompete

Craterellus cornucopioides

Steckbrief: Fruchtkörper 2 – 6 cm breit und bis 10 cm hoch, graubraun bis schwärzlich; wie ein Füllhorn oder eine Trompete geformt, völlig hohl und dünnwandig, oberer Rand wellig lappig, nach außen umgeschlagen; auf der aschgrauen, gerunzelten Außenseite werden die Sporen gebildet; Fleisch zäh elastisch; Geruch und Geschmack schwach pilzartig.

Mykorrhizapilz; im Laub- und Mischwald, in erster Linie unter Rotbuchen, dann Eichen und Hainbuchen; auf kalkhaltigen Böden; August – Oktober; lokal häufig.

Speisewert: Essbar; sehr guter Würzpilz; entwickelt erst nach dem Trocknen sein volles Aroma.

Verwechslung: Es gibt in Mitteleuropa keine giftigen Doppelgänger.

◀ Düstere Farben besitzt der **Graue Leistling** *(Cantharellus cinereus)*. Seine Hutunterseite trägt graubraune Leisten. Er ist nicht besonders schmackhaft.

Der häufige, heller gefärbte **Trompeten-Pfifferling** *(Cantharellus tubaeformis)* ist ein beliebter Würzpilz. Sein genabelter Hut bekommt im Alter einen Durchbruch zum hohlen, gelblichen Stiel, weshalb er auch Durchbohrter Leistling genannt wird. ▶

◀ Der ähnliche **Starkriechende Leistling** *(Cantharellus xanthopus)* fällt durch süßlichen, fruchtigen Geruch auf. Die Hutunterseite ist lediglich flach aderig ausgebildet. Wir finden ihn im Gebirgs-Nadelwald auf Kalkböden.

Krause Glucke, Fette Henne

Sparassis crispa

Steckbrief: Fruchtkörper 10–40 cm breit, fleischgelblich, beige oder ocker; dick polsterförmig, von weitem wie ein Badeschwamm erscheinend, Oberfläche mit dünnen, lappig-krausen Elementen, innen mit vielen Hohlräumen; Basis strunkartig, im Substrat wurzelnd; Fleisch brüchig; Geruch angenehm würzig.

Parasit und Saprobiont an Holz; als Wurzelparasit am Fuße von Kiefern, seltener Fichten oder Lärchen erscheinend, auch auf Stümpfen; August – November; lokal häufig.

Speisewert: Wohlschmeckend, sehr ergiebig; bis auf den Strunk kann alles verwertet werden, gründliches Waschen und Ausschneiden eingewachsener Humus- und Holzteilchen vorausgesetzt. Alte Exemplare können bitterlich schmecken.

Anmerkung: Neben der Krausen Glucke hat der ungenießbare Klebrige Hörnling *(Calocera viscosa)* das Substrat besiedelt.

Verwechslung: Der Sammler darf die Glucken nicht mit giftigen Korallenpilzen verwechseln, deren Erscheinungsbild an Meereskorallen erinnert.

◀ Die seltene, weniger aromatische **Breitblättrige Glucke** *(Sparassis brevipes)* mit grob gewellter Oberfläche parasitiert an Rotbuchen, Eichen und Tannen.

Die **Blasse Koralle** (oder **Bauchweh-Koralle**) *(Ramaria pallida)* erzeugt nach einer Latenzzeit von 1/2–3 Stunden heftige Bauchkoliken. ▶

◀ Selbst der als essbar bekannte **Hahnenkamm** *(Ramaria botrytis)* kann bei empfindlichen Personen Durchfall verursachen. Da die Unterscheidung der Korallen schwierig ist, sollten alle gemieden werden.

Riesen-Bovist

Langermannia gigantea

Steckbrief: Fruchtkörper 10–60 cm breit, lange reinweiß, mehr oder weniger kugelförmig, ungestielt, beim Reifen erst gelblich, dann rostbraun nachdunkelnd; reife Fruchtkörper zerfallen nach Auflösung der dünnen, glatten Außenhaut (Peridie), von außen beginnend, zu braunem Sporenpulver; Fleisch jung weiß und fest, dann weich werdend; Geruch unauffällig, im Alter unangenehm.

Saprobiont am Boden; lichte Waldstellen, unter Gebüsch in Parkanlagen und Gärten, gedüngte Wiesen und Weiden; Juli – September; relativ häufig.

Speisewert: Jung essbar, solange innen weiß und fest; Bratpilz, wie ein Schnitzel paniert oder unpaniert verwendbar; kann im Rohzustand tiefgefroren werden.

Verwechslung: Wegen seiner Größe ist der Riesenbovist kaum verwechselbar. Sehr junge, kleine Exemplare werden oft nicht mit Sicherheit erkannt. Helle Formen der giftigen Kartoffelboviste (siehe folgende Doppelseite) werden kaum über 10 cm breit.

Alte Exemplare des Riesen-Bovistes färben sich braun.

Der essbare, auf Wiesen wachsende **Hasen-Stäubling** *(Calvatia utriformis)* kann 20 cm breit werden. Seine Oberfläche ist mit feinen, kleiigen Stacheln oder Flöckchen besetzt.

In Wäldern wächst der kleinere, häufige **Flaschen-Stäubling** *(Lycoperdon perlatum)*. Die essbare Art besitzt einen schlanken Stielteil, der sich nicht in Sporenmasse auflöst und lange erhalten bleibt.

Dickschaliger Kartoffelbovist

Scleroderma citrinum

Steckbrief: Fruchtkörper 5–10 cm breit, blass beigefarben, gelblich oder ockerbraun, innen schon früh schiefergrau gefärbt; annähernd kugelig, mit grobfelderiger oder geschuppter Oberfläche; reif am Scheitel mit großer Öffnung, ausstäubend; Basis meist ungestielt, mit hellen Myzelsträngen das Substrat zusammenballend; im Längsschnitt mit 2–3 mm dicker, steriler Außenschicht (Peridie); Geruch unangenehm, stechend metallisch.

Mykorrhizapilz; im Laub- und Nadelwald, Parks und Gärten; besonders auf sauren, anmoorigen Böden; Juli – November; lokal sehr häufig.

Giftwirkung: Der Genuss größerer Mengen bewirkt Übelkeit und Erbrechen, in schweren Fällen sogar Ohnmachtsanfälle; Latenzzeit 1/2–3 Stunden.

Verwechslung: Kartoffelboviste sind giftige Doppelgänger von Stäublingen und Bovisten, deren Inneres jedoch im essbaren Zustand stets weiß gefärbt ist.

◀ Der giftige **Dünnschalige Kartoffelbovist** *(Scleroderma verrucosum)* besitzt eine mehr oder weniger stielartig verlängerte Basis. Seine bis 1 mm dicke Peridie ist relativ glatt.

Eine essbare Besonderheit ist der den Kartoffelbovisten ähnliche **Erbsenstreuling** *(Pisolithus arhizus)*. Das leuchtend gelbe Innere unreifer Fruchtkörper ist durch schwarze Trennwände netzartig gekammert. Der ausgezeichnete, nicht allgemein verbreitete Würzpilz wird auch als **Böhmische Trüffel** bezeichnet. ▼

Speise-Morchel

Morchella esculenta

Steckbrief: Fruchtkörper 5–15(30) cm hoch, in Hut und Stiel hohl; Hut hell beige bis ocker, seltener grau oder schwärzlich, rundlich bis walzenförmig, manchmal auch zugespitzt, Oberfläche mit groben, unregelmäßig verteilten, wabenartigen Vertiefungen; Stiel weiß bis cremegelblich, faltig-grubig; Fleisch brüchig; Geruch angenehm würzig.

Saprobiont am Boden; in Laub- und Mischwäldern, Parkanlagen und Gärten; Kalk liebend; mit Eschen bestandene Bachläufe, Auwälder, ungedüngte Wiesen und selbst begrünte Schuttplätze sind typische Standorte; nur im Frühjahr erscheinend, April – Mai; bei geeigneter Witterung relativ häufig.

Speisewert: Ausgezeichneter, aromatischer Speisepilz; einer der begehrtesten Pilzarten; frisch wie getrocknet verwendbar.

Verwechslung: Wer Morcheln sammelt, muss die Merkmale der giftigen Frühjahrs-Lorchel kennen.

◀ Die Hutwaben der wohlschmeckenden **Spitz-Morchel** *(Morchella conica)* sind regelmäßig in Längsrichtung angeordnet. Gartenbesitzer finden sie gelegentlich auf vorjährig ausgelegtem Rindenmulch.

Gegen Ende der Morchelzeit erscheint nicht selten die essbare, etwas zäh fleischige **Halbfreie Morchel** *(Morchella gigas)*, deren untere Hutkante mit dem Stiel nicht verwachsen ist. ▼

◀ Die giftige **Frühjahrs-Lorchel** *(Gyromitra esculenta)* wird auf folgender Doppelseite ausführlich vorgestellt.

◀ Die später erscheinende, nach Aas riechende, ungenießbare **Stinkmorchel** *(Phallus impudicus)* ist trotz gewisser Ähnlichkeit nicht mit Morcheln verwandt. Sie gehört zu den Bauchpilzen.

Frühjahrs-Lorchel

Gyromitra esculenta

Steckbrief: Hut 3–10 cm breit, heller oder dunkler rotbraun bis schwarzbraun, Oberfläche labyrinthartig oder gehirnartig gewunden, innen mit unregelmäßigen Hohlräumen; Stiel weißlich-fleischfarben, oft mit graulila Schimmer, meist kurz, grubig-faltig; Fleisch brüchig, im Stiel eher zäh elastisch; Geruch angenehm würzig.

Saprobiont am Boden; Charakterpilz des sandigen Kiefernwaldes, an lichten, besonnten Stellen; frühe Erscheinungszeit, Ende März – April, selten noch Mai; lokal häufig.

Giftwirkung: Enthält Gyromitrin, ein wasserlösliches Zellgift, welches Leber und Nieren angreift, mit möglicher Todesfolge; Latenzzeit 4–8 Stunden; schmackhafter Pilz, der durch Trocknen entgiftet werden kann und früher Marktpilz war. Da allergische Reaktionen dennoch möglich sind, ist der Pilz zu meiden.

Verwechslung: Die Frühjahrs-Lorchel (auch Gift-Lorchel) ist der klassische Doppelgänger der essbaren Morcheln (siehe vorige Doppelseite).

◀ Der Hut der Frühjahrs-Lorchel ist mit vielen Hohlräumen durchsetzt.

Sehr ähnlich ist die seltene, giftverdächtige, im spätherbstlichen Nadel wald vorkommende **Bischofsmütze** *(Gyromitra infula)*. ▼

◀ Die **Gruben-Lorchel** *(Helvella lacunosa)* ist eine leicht übersehbare Art mit düsteren Farben. Der Speisewert entspricht dem der Herbst-Lorchel.

◀ Eine häufigere Lorchel ist die hellfarbige **Herbst-Lorchel** *(Helvella crispa)*, deren Stiel tief längs gefurcht ist. Junge Exemplare sind gut gegart essbar. Vom Verzehr wird heute aber allgemein abgeraten, da der Pilz am Standort leicht verdirbt.

Register

Bildnachweis
Seite 7 unten links: Erwin Gerhardt
Seite 91 unten: Ernst Schälow
Alle anderen Fotos sind vom Autor.

Bibliographische Information Der Deutschen Bibliothek
Die Deutsche Bibliothek verzeichnet diese Publikation in der Deutschen Nationalbibliografie; detaillierte bibliografische Daten sind im Internet über http://dnb.ddb.de abrufbar.

BLV Verlagsgesellschaft mbH
München Wien Zürich
80797 München

Die Fotos auf dem Umschlag zeigen:
Weißer Knollenblätterpilz,
Schaf-Champignon

Lektorat: Dr. Friedrich Kögel
Herstellung: Hermann Maxant
Layoutkonzept: Sabine Fuchs, Riemerling
Layout: Anton Walter, Gundelfingen
Satz: DTP-Design Walter, Gundelfingen

Gedruckt auf chlorfrei gebleichtem Papier

Printed and Bound in Germany

ISBN 3-405-16818-X

Pilze sicher bestimmen

Felix Labhardt / Till Reinhard Lohmeyer
Faszination Pilze
Die magische Welt der Pilze in meisterhaften Fotos: der großformatige Bildband für Pilz- und Naturfreunde – mit spannenden, überraschenden und faszinierenden Geschichten und Fakten.

Ewald Gerhardt
Der große BLV Pilzführer für unterwegs
Praxisgerechter Feldführer: über 1200 Arten mit über 1000 Farbfotos, Merkmalen, Vorkommen und Speisewert; Verwechslungsmöglichkeiten, ggf. Giftwirkung.

Thomas Læssøe / Anna Del Conte
Der neue BLV Pilzatlas
450 Pilzarten mit Merkmalen, Vorkommen, Verbreitung und Verwechslungsmöglichkeiten; Tipps zum Sammeln, Trocknen und Konservieren; viele köstliche Rezepte für Pilzgerichte.

Ewald Gerhardt
BLV Handbuch Pilze
Das umfassende und kompetente Nachschlagewerk: rund 600 Pilzarten Mitteleuropas mit 650 Farbfotos und 500 Zeichnungen.

Top Guide Natur
Ewald Gerhardt
Pilze
Rund 200 Arten treffsicher bestimmen mit dem 3er-Check: nur drei Merkmale checken – die gesuchte Art sicher identifizieren.

Ewald Gerhardt
Steinpilz, Pfifferling und Champignon
Die 30 wichtigsten Speisepilze sicher bestimmen, ähnliche Arten und giftige Doppelgänger erkennen; Bestimmungssteckbrief, Biologie u.v.a.m.

Im BLV Verlag finden Sie Bücher zu den Themen: Garten und Zimmerpflanzen • Natur • Heimtiere • Jagd und Angeln • Pferde und Reiten • Sport und Fitness • Wandern und Alpinismus • Essen und Trinken

blv

Ausführliche Informationen erhalten Sie bei:

BLV Verlagsgesellschaft mbH • Postfach 40 03 20 • 80703 München
Tel. 089/12705-0 • Fax 089/12705-543 • http://www.blv.de